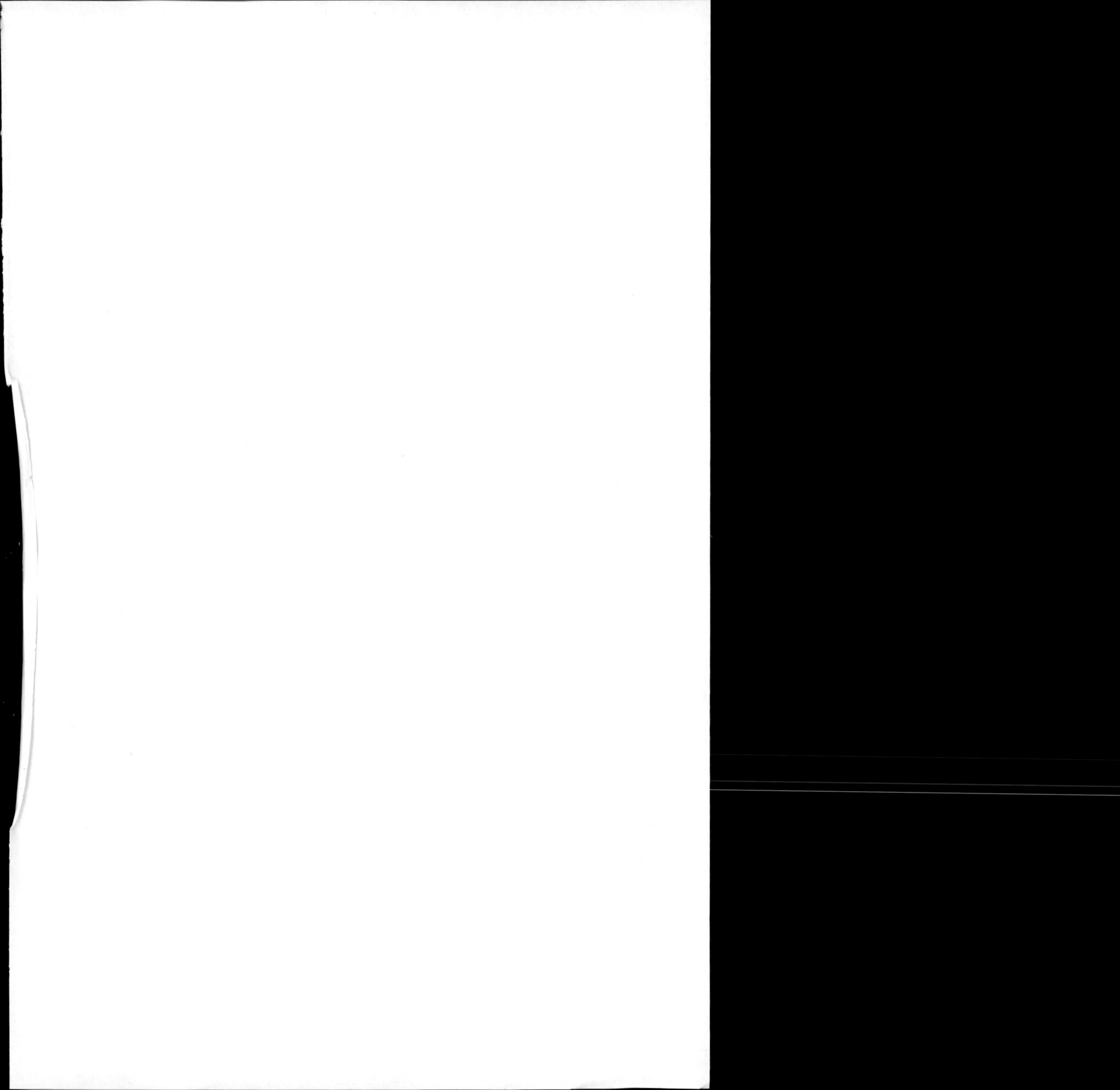

任性出版

帶人問題，豐田主管用紙1張解決

豐田主管只用一張 A4 紙，
消除部屬的不主動、教不會、講不聽，
能力自動 2-6-2 分級。

あなたの「言語化」で部下が自ら動き出す
「紙1枚！」マネジメント

「紙一張」WORKS股份有限公司董事長、著作銷量突破53萬本
淺田卓——著
林佑純——譯

Contents

第三章 用二×二表格，理解他 103

第四章 透過2W1H，建構對話 153

第五章 用一張表格看出人才

推薦序一
主管帶人的知易行難，就靠「紙一張」搞定

精實管理顧問／江守智

中國明代的思想家、軍事家王陽明曾提出「知易行難」，現在我們身處資訊爆炸的時代，又何嘗不是如此？透過各種社群媒體，不論是YouTube、臉書（Facebook），甚至ChatGPT，都可輕鬆獲得各種資訊。然而，不少人可能陷入「知易行難」的困境中，了解事物的道理，卻無法付諸行動。主管在管理團隊時，或許也會遇到這個問題。

而本書能夠協助主管面對這個煩惱——既然覺得「行難」，那就用「紙一張」搞定。

我作為企業顧問，不管到哪種產業、哪家公司，從工具機到桂丁雞、從高科技到清潔劑，大家往往會跟我說：「顧問，其實都是人的問題！」所以當我收到本書書稿時，也很期待作者如何說明「帶人的問題要怎麼解決」。

我看完書稿後，認為本書有三大重點值得閱讀：

1.主管須調整自身心態

書中我最喜歡的一句話，就是「你無法改變部屬」。有許多控制型主管喜歡權威管理，總說：「你不必問這麼多，照我說的做就對了。」希望部屬變成「有體無魂」的稻草人。

但是，如果遇到千禧世代（指一九八一至一九九六年出生的人）以及「Z世代」（指一九九七至二〇一〇年出生的人）的員工，他們更加強調自我，權威管理容易造成衝突。因此，作者說主管要創造讓部屬自我改變和成長的契機，進行「支援」管理，而非「支配」管理。

2. 藉由工具理解部屬

本書教讀者利用四×四表格來檢視公司願景、管理標準。四×四表格的起手式，是主管把公司願景寫清楚、說明白，提取關鍵字，再與部屬的實際工作連結。而且最終目標是主管示範完後，部屬能寫出自己的版本。

此外，書中也有提到，透過二×二表格來理解各種類型的部屬。作者介紹了五種人格理論，但他也提醒這僅能作為參考，關鍵還是透過各種框架，來鍛鍊自己的識人能力。

3. 善用溝通來培育人才

最後，談到溝通這件事。一開始，豐田之所以會發展「紙一張」技術，其實是希望在名古屋、九州等日本各地區，甚至美國等海外生產據點，都能在同樣的架構下溝通無礙，所以利用２Ｗ１Ｈ（What、Why、How）討論：

- What：想討論什麼問題？
- Why：為什麼這個問題無法解決？
- How：怎麼做才能突破現狀？

尊重的前提，在於設定人際界線；溝通的前提，在於建立框架。「大道至簡，繫在人心」，推薦這本書給大家，用紙一張的框架來挑戰知易行難的現代社會。

推薦序二

帶人，是門有跡可循的學問

「人資暗黑棋局」總編輯、職涯顧問師／郭南廷

你目前正在經歷哪個階段的管理職？不論你是高階、中階還是基層主管，都須帶領團隊朝組織賦予的目標前進。而「帶人」真的是門學問，主管得不斷的調整心態、與部屬的互動方式，才能看見帶人的成效。

以下分享一個故事給大家：

Amy 是某間企業的業務部主管。某天部門開週會，才剛開會沒多久，除了剛到職的員工 Emily，其他人都已經開始做自己的事。Amy 滔滔不絕的說了

一小時後，Emily 終於鼓起勇氣，詢問旁邊的學姐 Zoe。

Emily：「學姐，大家都在忙什麼？」

Zoe：「Amy 喜歡自己說自己的，我們曾試著表達，希望能了解高層經營方針與方向，但她只會很籠統的回覆我們，並露出不耐煩的表情。」（Zoe 是聰明人，了解提問背後想知道的答案。）

Zoe 接著說：「有一年，公司高層為了加速公司上市，而將兩個事業群整併，可說是相當大的組織調整。」

Emily：「高層怎麼會想將這兩個事業群整併？畢竟還有其他事業群。」

Zoe：「當這風聲傳出來時，我們也非常好奇，也很擔心，不確定是否會影響到現有的業務模式，若真的會，我們該如何提前因應？於是，我們就在部門週會上詢問 Amy。然而，她當時只是簡單說確實有這件事，但沒告知高層的期待以及原因，甚至未來該怎麼做。

「她只說公司希望提高營業額與毛利率，而這兩個事業群是業務相關性最高的，公司希望資源不重複使用，所以才合併。至於目前的業務策略就持續進行，不會有任何改變。」

然而，怎麼可能不會有任何改變？Amy 這麼回答，是因為她也還沒準備好，如何因應這個課題。

從上述的案例中可以了解，若管理者沒有將企業的理念、願景和方針，與團隊的工作內容連結，容易造成成員無法按照管理者期待的方向前進。

關於前述的問題，本書提供兩個簡易工具來處理，分別是藉由四×四表格，將企業願景與實際工作連結，以及利用二×二表格來理解不同部屬。

第一個工具，可以確實連結組織願景與團隊成員的工作，使兩者達到一致性；第二個工具，有助於區分部屬的性格特質，讓管理者面對不同的部屬時，採取適合的應對方式。

帶人，是門有跡可循的學問，而本書便是你的最佳指南。

推薦序三
透過表格，將抽象概念轉化為溝通工具

鉑澈行銷顧問策略長／劉奕酉

在現今瞬息萬變的商業環境中，管理者面臨著前所未有的挑戰。其中最關鍵的莫過於如何有效帶人。領導者不僅須具備專業知識，更須學習如何理解、激勵和培育團隊成員，才能帶領組織邁向成功。然而，傳統的管理模式往往過於強調權威和控制，導致許多管理者在與部屬互動時感到力不從心。

有別於傳統的管理思維，本書作者提出了這個觀點：**主管無法改變部屬，應該改變自己**。這個觀點強調管理者自我成長的重要性，唯有透過自身的改變，**才能潛移默化的影響部屬**，進而打造出積極向上的團隊氛圍。

為此，作者提出了「紙一張」管理術，主張**透過簡單的表格和框架，將抽象的管理概念轉化為具體可行的溝通工具**，幫管理者掌握理解、激勵和培育部屬的關鍵。

首先，透過二×二表格，讓管理者更深入的理解部屬。

作者以自身豐富的經驗為基礎，分析五種常見的人格分類理論，並將其整合到二×二表格中，讓管理者能以更直觀的方式，洞察不同類型部屬的特質和行為模式。

其次，藉由四×四表格，幫管理者更有效的激勵部屬。

作者指出，許多部屬之所以缺乏工作動力，是因為不清楚自身工作與公司目標之間的關聯。對此，書中以豐田的紙一張技術為例，說明如何透過四×四表格，將公司的願景、方針與部屬的日常工作連結，讓他們了解工作的意義，進而提升工作積極度和責任感。接著，以2W1H（What、Why、How）為核心，說明如何建立與任何部屬都能溝通的共通語言。

最後，利用「意願×能力」矩陣，協助管理者更有系統的培育部屬。作者認為，培育人才的關鍵在於提供適當的挑戰和支持。書中以「意願×能力」矩陣為例，說明如何透過紙一張框架，區分不同類型部屬的需求，並給予最適切的指導和協助。

總而言之，本書提供了簡單易懂且實用的管理方法。不過，作者也強調紙一張管理術是一種思考和溝通的框架，管理者須根據實際情況靈活運用。

活用紙一張管理術，管理者不僅能更有效率的完成工作，甚至可以與部屬建立互相信賴的關係，共同創造出更美好的團隊成果。

前言
「紙一張」的管理術

感謝你拿起這本書。本書是專門為擔任管理職或領導者的商務人士所寫，如果你在翻閱時覺得：「喔？這裡面說的就是我！」那麼請繼續閱讀下去。

在繁忙的工作中，身為主管（書中以此作為統稱），你每天會面臨各種挑戰，希望能盡快找到改善或解決這些問題的方法，並期望從中獲得有價值的知識及靈感。

正因為如此，你才拿起了這本書。首先，我要對這樣的你表示深深的敬意。你的部屬能在你的麾下工作，我真心認為，他們真的非常幸運。而我希望這本書，能為你的需求和願望提供一些協助。

本書會介紹與領導相關的技能與洞察力，並讓你在最短的時間內應用於日常工作中，若能為你帶來幫助，是我莫大的榮幸。

接下來，我先簡單介紹一下自己。職涯初期，我曾在豐田汽車股份有限公司（以下簡稱豐田）的海外部門工作，之後轉職到經營商學院的GLOBIS股份有限公司（以下簡稱GLOBIS）。後來於二〇一二年創業，從事支援社會人士方面的工作，經常舉辦企業培訓和演講，目前累計受訓人數超過一萬人，合作過的企業包含知名的大企業到中小企業。我也曾帶口譯到中國演講，服務範圍非常廣泛。

本書的內容是根據我過去十年，與超過一萬名以上的商務人士在對話交流中，獲得的知識與經驗所構成。

我也是一名作家，本書是我的第九本著作（包括文庫本〔按：在日本，通常新書出版幾年後，會再推出尺寸較小的文庫本。文庫本的優點是價格較便宜、方便攜帶〕在內共出版十一本書），累計銷量超過五十三萬冊。這本書的內容，主要來自我親臨教育現場的實際體驗，並囊括自二〇一五年以來，於商業書籍界廣受讀者喜愛內容的最新版本。由於在各方面已獲得一定的成績，你能放心的繼續閱讀。

在撰寫本書前，我在「紙一張」學院（我創立的社會人士進修學院）中，為領導者舉辦了一場實體工作坊。我請參加者報名時，寫下目前身為主管面臨的煩惱。最終，我蒐集到超過五十件以上的真實心聲。

在序章中，我會與大家一同深入探討這些煩惱的具體內容，但在那之前，我想先和讀者取得一個明確的共識。

現在有許多商務人士像你一樣，正以主管的身分不斷奮鬥，本書正是為了解決這些領導者的真實煩惱而誕生。

事實上，在閱讀本書的過程中，你或許會發現自己遇到的困擾，不時在書中出現：「啊！這就是我在煩惱的事。」、「原來如此，所以現在的處理方式才都行不通。」、「原來，這樣想、這樣做就能解決問題嗎？」這些想法都會在本書中解答。

具體的解決方案，會在第二章之後詳細介紹。在前言，我想先將前面提到的五十件煩惱，總結成一個核心概念——**身為主管，你須具備「將抽象概念轉換成語句、文字」（言語化）的能力**。

這不僅是根據在工作坊中的觀察，也是我在過去十年中，與許多主管交流，以及在社會人士進修領域中看見的本質。我分享這個核心概念後，許多參加課程的學員相繼表示「真是太令人震撼了」、「我現在才恍然大悟」、「煩悶感一掃而空」……即使你現在只閱讀了前言，相信也會出現類似的感受。

關於「言語化」的概念，可以這樣具體解釋：

・將公司的理念、方針、目標等，用自己的方法轉換成具體的文字。
・傾聽部屬的想法，並與他們一同或代替他們將想表達的內容，透過話語、文字表達出來。
・支援部屬，促使他們能主動表達意見，並付諸行動。

我曾在豐田工作，因此習慣使用「視覺化」這個詞語，該詞語是指以重視視覺傳達的方式，來思考、整理、將資訊轉換成文字，以便交流溝通。不過，本書不會提到這個專有名詞。本書的最終目標，是希望能在日常工作中，尤其是在管理部屬方面幫助你。因此，我會用部屬也能理解的言語來介紹。書中會使用更普遍且容易理解的方式表達，請安心的閱讀下去。

舉例來說，我發現許多主管，似乎對於部屬不主動處理工作感到煩惱（詳情會在第二章說明，並提供解決方法）。像是部屬的工作目標模糊不清、工作目標明確但部屬缺乏投入感、部屬在需要思考時無法掌握判斷的基準等。解決這些問題的關鍵在於「言語化」，而你需要做的，只有**在「紙一張」的框架上寫下你的想法**。這是本書最大的特點，這樣就足以應對日常的管理工作。

透過紙一張管理術，你能順利面對這些挑戰：協助部屬確立工作目標、了解自身工作內容、理解工作的意義。

此外，也有不少主管表示，在與部屬溝通時，難以掌握對方的想法。這類問題的關鍵，也在於如何有效的將部屬的感受轉換成文字。具體方法會在

第三章詳細的介紹，這類方法在其他書籍中較少見，敬請期待。

如果你讀到這裡，感受到任何的希望或可能性，那麼非常期待在接下來的內容中，再次與你相見。

序章

常見的帶人煩惱

1 五十位主管的心聲整理

感謝你在閱讀前言後，決定繼續閱讀這本書。本書的架構設計成可讓你一口氣讀完，並立即實踐書中的方法。甚至在閱讀的過程中，你就能開始嘗試。現階段還不急，但等你差不多快讀完序章時，請在手邊準備好紙和筆。

正如我在前言中提到，在撰寫這本書前，我舉辦了一個工作坊，邀請正在主管崗位上奮鬥的商務人士，直接分享他們遇到的煩惱。

儘管我已經有十年的商務人士教育經歷，並累積了超過一萬人的教學經驗，其實不需要特地開設這樣的工作坊，也能根據過去的經驗撰寫本書，但我決定重新傾聽主管的聲音。

這個決定源自於我在開始寫這本書前，重新閱讀了一本名著。被譽為現代管理學之父的彼得・杜拉克（Peter Drucker），在《杜拉克談高效能的五個習慣》（*The Effective Executive*）中提到以下這段話。杜拉克的系列作中，包含了每位主管都必須了解的核心內容，強烈建議各位閱讀。我在此引用該書中的一句話：「組織內部不存在成果，所有的成果都起於組織外部。」

寫書時，如果只考慮自己想寫什麼，就無法真正為讀者帶來價值。因此，我決定不單從自己的角度出發，也要徹底傾聽「外部」（學員和讀者）的心聲。

最後，**我蒐集了超過五十件關於主管帶人的心聲，並盡可能找出其中的共同點**，將它們重新整理成以下三大類別。請仔細閱讀，看看其中是否與你的煩惱有相似的地方：

1. 關於部屬工作方式、態度和動機的煩惱

- 不主動處理工作。
- 只會等待上級指示，無法自主思考、付諸行動。
- 缺乏當責（accountability，指不只被動的完成分內工作，而是更積極、主動的追求更好的成果，並對結果負責）的意識，時常優先考慮個人利益而非公司利益。

- 因公司缺乏明確的願景和方針，部屬無法確立判斷基準。
- 上級的決策變來變去，導致部屬無法維持一貫的標準。

2. 與部屬建立人際關係和對話的煩惱

- 部屬的背景多元，主管難以掌握他們的感受和想法。
- 年長的部屬增加，主管難以應對。
- 部屬多為轉職者，主管難以共享組織文化與價值觀。
- 部屬理解力低落、容易誤解，主管須花更多時間說明。
- 即使請部屬表達想法，仍然難以掌握重點，主管聽不懂到底發生什麼狀況。

3. 培育人才的煩惱

- 盡心指導，但部屬仍然做不好、不去做、無法堅持下去。

- 沒有充足的時間慢慢栽培和指導部屬。
- 即使交辦任務，最後仍須由主管收尾，為此花許多時間。
- 遠距工作增加，主管難以觀察部屬的工作狀況。
- 期望部屬做好而責備對方，卻被指控為職場霸凌，或部屬直接辭職。

以上匯集了三大類、共十五種煩惱。當然，主管也會有許多其他的煩惱，但我認為這些已涵蓋了大部分的情況。請仔細閱讀，找出特別有共鳴或接近你實際狀況的項目。

2 別期待部屬跟你想得一樣

在接下來各章的內容中，會詳細探討每個煩惱。但在此我先簡單解說。

第一個煩惱是，如何讓部屬主動、積極的面對工作，且具備當責意識。

導致部屬被動或只等待上級指示的主要原因，可能出在公司方的問題或部屬本身的態度上。不過，書中不會討論到具體的問題出在哪一方，因為即使歸咎了責任，也無法改善情況，反倒可能惡化。

第一章會詳細介紹到，解決前述煩惱的原則，**是改變主管（也就是身為讀者的你）的思維、心態和行為舉止**。這是貫串全書的重要核心。

這不僅是停留在精神層面的改變。從第二章開始，我會介紹只需要紙一張框架就能實踐的技巧。請繼續閱讀下去，以了解詳細內容。

第二個煩惱是，如何建立與部屬的人際關係和對話。

日本在過去，企業普遍大量招募應屆畢業生，採用年功序列（按：以年資訂定薪水）和終身僱用制度，因此員工之間的相似度極高。職場在這樣的背景下，大家善於察言觀色，許多事即使沒有一一解釋，他人也能理解，這種交流模式也被視作有效率的溝通方法。

然而，自二〇一〇年代起，商務環境產生了劇變（按：二〇〇七至二〇一〇年因日本經濟長期衰退和環球金融危機，日本許多公司已停止終身僱用制度）。你可能也是在這段期間，以主管的身分轉職到現在的公司。

再加上延後退休年齡和再就業制度的普及，導致**主管管理年齡差距較大的年長部屬成為常態**。同時，由於現代人重視工作與生活的平衡，使部屬的個人背景更多元，因此須更靈活的應對。

在這樣的職場環境中，**部屬更加難以理解主管的想法**。過去「部屬應該也會這樣想」、「大家都朝同一個方向努力」的大前提已不再適用，**能充分理解部屬的感受與想法的洞察力，才是現代主管不可或缺的管理能力**。

當組織中員工相似度降低，溝通方式也會難以統一，容易以各自認為足夠清楚的方式來說明，卻無法確實傳達重點。所以，你得**找出與部屬之間的共同語言，並以此進行日常工作中的報告、聯絡、商談**。

在接下來的第三章中會探討洞察力，第四章則會說明共同語言的重要性，藉此來解決相關的煩惱。這些方法都可透過紙一張的框架實踐。

第三個是有關培育人才的煩惱。相較於前面兩種煩惱，這個議題更具普遍性，無論時代或環境如何變遷，都始終存在。

然而，有一些屬於現代的課題，如遠距工作時，難以觀察到部屬的工作狀況，或責備部屬卻被指控為職場霸凌等問題，也須考量到大環境的變化及相關措施，才能徹底解決這類煩惱。

有關人才培育的問題，會在第五章討論，但貫串本書內容的重要關鍵，正如前言中提到，就是**將抽象概念轉換成語句、文字（言語化）**。本書將透過紙一張框架，來提升這項重要的能力。

經過以上的介紹，不知你是否已經初步掌握本書的架構？

書中主要將主管的煩惱分成三個類別：主動性與當責意識、建立人際關係與溝通，以及培育人才，並提供相關的解決方案。這三類煩惱的共同點，說穿了就是部屬。因此也可以用一句話來概括這些煩惱：管理部屬。

管理本身包含成果管理、財務與會計與稅務管理、業務與專案管理、人力資源培育與評估管理等各種範疇。我為了寫這本書，參考了上百本相關書籍，發現主管除了管理部屬之外，還有各種與管理相關的煩惱，像是與其他主管的互動、內部政治應對、向上管理，以及維持工作與家庭平衡等。

不過，這次蒐集到的主管心聲，集中在部屬的工作方式、與他的互動方式及培育方式這三個方面。一本書如果包含過多的話題，反而難以促使讀者實際行動，最終將淪為難以消化、虛耗時間的閱讀體驗。

因此，本書將重點聚焦在這三大類煩惱上。

3 中階主管最難為

在序章結束前，我最後想提到一個能佐證本書重點的理論。

當我將書中提到的煩惱，統一定義為「管理部屬」時，不禁感嘆：「仔細想想確實是這樣沒錯。」因為這與在商學院等教育體系中，能學習到的概念「卡茲模型」（Katz Model，也稱為「管理知能階段論」）不謀而合。該理論有助於理解管理者須具備的能力，讓我趁這個機會詳細向各位介紹。

卡茲模型是由哈佛大學教授羅伯特・卡茲（Robert Katz）提出，以圖表呈現商務人士會學習到的相關管理技能，如下頁圖表1所示。

我從圖表1最下面的第三層開始說明：對於基層主管（即圖中的現場管理層）來說，最重要的能力是顏色最深的技術能力，包括實際進行工作時需要的技能，例如製作相關資料、電子郵件應對、主持會議，以及決定工作的

圖表 1　卡茲模型：中階主管最需要人際能力

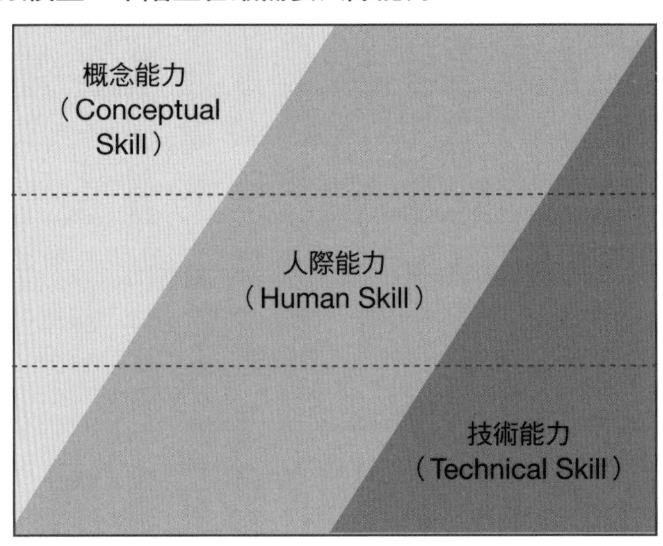

優先順序等實務能力。你可以在書店的商業書區域中，找到相關書籍。

接下來，先跳過中間那層，解說最高階的經營層最需要什麼樣的管理技能——所謂的概念能力，就是規畫理念、願景和策略等，偏向抽象、概念思考的技能。

而最中間的**中階主管**，是本書的主要讀者群。對此階段的主管來說，最重要的能力是**人際能力**，包括公司**內外各項溝通，以及經營人**

際關係所需的技巧。

書中提到的工作坊參加者，也大都是中階主管，分享的**許多煩惱都跟部屬有關**，這點正符合卡茲模型的論述。

另外，如果身為主管，仍為製作資料或會議相關技巧等技術能力的問題困擾，那是不是應該及早突破這個階段？

前面提到工作坊的參加者，大都已透過我過去的著作等各種管道，解決了這方面的問題。如果你閱讀到這裡時，發現自己身為主管的煩惱中，仍包含許多技術能力的問題，你依然可以繼續閱讀本書，但請務必先理解，本書重點會放在人際能力。

這本書無法全方面涵蓋技術能力方面的內容，建議你參考我的其他著作來補充。例如，如果想了解不論業界及職務，關於所有上班族都必備的基礎工作法則，可參考《在TOYOTA學到的只要「紙一張」的整理技術》、《零秒說明！遠距工作！立即見效的「紙一張」簡報術》。前者涵蓋了思考技巧，後者主要著重在報告、聯絡、商談的相關技能。

或者，有關獲取新技能的終身學習能力，可以參考《二十個字的精準文案》、《「紙一張」閱讀筆記法》，以掌握一生受用的重塑技能能力。

接下來，本書會聚焦於卡茲模型中的人際能力，特別是針對管理部屬的技能。

不過，在開始實踐紙一張框架前，下一章會先帶你建立解決煩惱前，必備的三項前提與心態。

將序章的資訊，精簡成三大要點

- 本書聚焦在主管工作中的管理部屬技能。
- 聚焦的重點與卡茲模型的論述相符。
- 如果你的煩惱大都屬於基層主管階段，建議同步學習相關的技術能力。

請試著將學到的內容寫下來：

第一章

實踐紙一張之前

1 練習技能前，先理解原理

正如在序章最後提到，第一章會先介紹在練習紙一張框架前的重要前提（實踐技巧前應先了解的原理）。當你我之間建立起這個共識，你可更快、更深入的理解書中內容，並有效的進入實踐階段。

其實我在著作中都會提到，紙一張框架就是應用技巧（Know-How），而我有時會收到這樣的回饋：「為什麼不直接講解應用技巧的部分就好？」

為什麼我不立刻談論關於紙一張的技巧，還要這麼詳細的說明前提？因為我認為在實踐技能之前，須先理解原理（Know-Why）。如果無法深入理解「為什麼要這樣寫、為何會下這樣的結論」（Why），就無法靠自己的力量思考及判斷「如何將技能應用在自己的工作上」（How）。

如果光是吸收表面的做法，只求快速學習，最終容易導致無法應用方法在自己的工作上。因此，我希望你先了解「為什麼」。

正因為身處在這個資訊快速更迭的時代，不僅要學習技能，也該多花一些時間了解背後原理。這是我身為商業書作家的理念和原則。

那麼，本書要介紹的知識原理（前提）是什麼？

具體來說，就是以下三項管理部屬的觀念。在後續章節介紹的紙一張管理術，都是以這三個觀念為基礎：

1. 你無法改變部屬。
2. 組織結構會以「二：六：二法則」呈現。
3. 部屬會因環境而非個人意志成長。

第一項重要的前提是：你無法改變部屬。

許多主管希望能改變部屬、希望他們成長，或希望他們能做到更多事，成為更積極主動的人才。身為主管，會有這些期望是理所當然的。但光是靠主管在一旁指示做這做那，部屬也很難改變。如果太有熱忱，強調「改變、成長、覺醒」，或經常叨念責備，部屬反而會固執的維持現狀……許多讀者可能都曾陷入這樣的困境。

為什麼會遇到這種狀況？最大的主因是在對待部屬時，帶著預設立場，認為人是可以改變的。

對於認為「需要改變部屬」的人來說，當聽到「正因為試圖改變部屬，所以他們才無法成長。首先要帶著『你無法改變部屬』的想法來重新看待一切」的說法，可能會覺得十分震驚。事實上，我的學員在聽到這個觀念後，不少人表示令人感到驚訝。

所以，請各位仔細思考以下這個問題，並檢視自己的心態：你現在面對的煩惱，是否為「人是可以改變的」的預設立場所導致，讓你和部屬都覺得很痛苦，陷入進退兩難的困境？

如果你有這樣的感受，請進一步閱讀以下內容，並將這個觀念深植心中。

2 你無法改變部屬

在心理學和諮商等領域，「現狀偏差」（status quo bias，也稱為「維持現狀的偏見」）是時常出現的關鍵字。這個專有名詞雖然聽起來複雜，但其實不難理解，且當你將此概念應用於工作中，更有助於你學習。

舉例來說，假如你昨天的體溫是攝氏三十六度，今天早上起來卻發現體溫升到四十度，而前天是三十度、三天前是五十度，你完全無法預測明天的體溫是多少。

如果體溫每天這樣劇烈變化，我們根本無法正常生活。因此，人的身體會努力保持體溫穩定，無論是昨天、今天，還是明天、後天，體溫都會維持在穩定的範圍內，這種生理學上的機制被稱作「恆定狀態」（Homeostasis）。

再舉一個例子，假設你昨天情緒激動、非常生氣，但今天一直在哭，前天則是從早到晚都在大笑，而且完全無法預測明天會展現哪種情緒。

要是情緒每天出現這樣的大幅波動，人們同樣無法維持正常生活。因此，不只在生理上，心理上也同時運作著類似的機制，就是心理上的自我認同（identity）。

以文字來總結上述機制，就是：無論是身體或心理，基本狀態都是「維持現狀」。

因此，就算對部屬說：「改變吧！」他們最終選擇不改變（維持現狀）也是很正常的一件事。所以，才須先建立「部屬不會改變，不改變才正常」的前提，重新思考應對的方式。

讀到這裡，你可能會想：「不對啊！有些部屬確實成長了。」、「我也曾看過某些人產生很大的改變。」、「我自己就是因為不斷改變和成長，現在才有辦法當上主管。」甚至，有些人會認為：「如果以『無法改變部屬』為前提，豈不就無法管理了？」

對此，我想引用在序章中曾介紹過的杜拉克的另一句話，來進一步解釋。

這段話來自《彼得・杜拉克的管理聖經》（*The Practice of Mangement*）：「目標管理的最大好處在於，能將支配管理轉變為自我管理。」

在這段名言中，主要應聚焦在「支配」這個詞上。

如果主管想改變部屬，最後容易發展成支配管理。相反的，應該將部屬本身的自我管理當作最重要的基礎。

簡單來說，**你無法改變部屬**。如果忽視人類喜歡維持現狀的基本原則，想強行改變部屬，最終只會淪為支配管理。而在這樣的管理方式下，部屬沒有所謂的自由、自主性，當然更談不上主動了。

為了避免陷入這樣的窘境，應該採取「讓部屬改變自己」的管理方式。因為，人無法被他人改變，但可以選擇「改變自己」。

也就是說，**主管能做的**，**是創造讓部屬自我改變和成長的契機**。如果要用比較容易記住的文字來解釋，就是**進行「支援」管理**，**而非「支配」管理**。

請牢記一個重要的前提：「我們能為部屬做的，最多只有提供支援。」

身為一名主管，你對此抱持著什麼樣的想法？

這十年來，我接觸過許多主管，也會傾聽他們的心聲。在談話過程中，我發現有一半以上的主管，是抱著「無論如何都要改變部屬」的心態在進行管理工作。我也同時感受到，他們這種心態的背後不見得是支配的欲望，有一部分甚至是出自純粹的善意。

正因如此，我希望各位不要做出錯誤的選擇。善意如果走向極端，最終演變成支配，反而會剝奪部屬的自由。我們須極力避免這種悲劇的發生。所以，請記住這句話，甚至直接將它背下來：憑「我的力量」無法改變部屬，他要靠「自己的力量」才能真正改變。

請相信這句話，將其作為管理的基礎，並在日常的工作中專注於提供支援，讓部屬能獲得自我改變和成長的機會。

至於透過紙一張框架支援部屬的具體方法，後續的章節會詳細的介紹。

3 工蟻法則，二〇％的員工會搭便車

到目前為止，我們已經建立起第一個重要的觀念——人無法被他人改變。這句話背後的含義是：無論別人說什麼，或採取多有效的干預策略，最終能改變自己的人，還是只有自己。因此，主管希望部屬改變時，應該以「支援」而非「支配」為主要目標。

請千萬不要用試圖控制他人、想強行改變部屬的方式來管理，這是貫串全書的重要觀念之一。

不過，即使不以「支配」來管理，有時也無法提供支援，而是以「指示、命令、強制」來面對部屬。

為了妥善應對，要先理解第二個重要的前提：**組織結構會以二：六：二法則（工蟻法則）呈現**。這是一個廣為人知的法則，可能許多讀者已經很熟

圖表 2　工蟻法則：後 20% 的員工會依賴前 80% 的同事

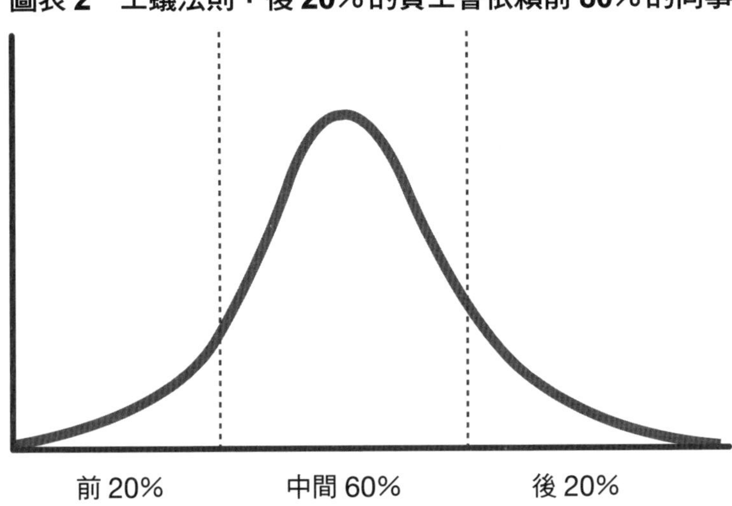

悉。如果提到概念相似的「帕雷托法則」（Pareto principle，也稱為「八二法則」），指僅有二〇%的因素影響了八〇%的結果），多數人應該會更有印象。

在解釋此名詞時，通常會使用如上方圖表2的常態分布圖來說明。

假設你有十名部屬，無論他們是多出色的人才，最終這個群體中會呈現的比例如下：

・前二〇%：引領團隊的領導者。

・中間六〇％：被領導者帶領的追隨者。
・後二〇％：依賴前八〇％同事的搭便車者。

根據這個比例，十名部屬的其中兩名應該會成為你的得力助手，甚至是如同分身般的領導者。他們會獨立、自律的工作，即使你只提供基本的支援，甚至不須特別關照，他們也能自行改變與成長。

另一方面，剩下的八人當中，有六個人會被你或你身邊的領導者帶動，雖然他們基本上是被動的，但仍能積極面對工作，達到合格的水準。

主管在面對這六個追隨者時，比起前面提到的兩名領導者，須花更多時間及次數來提供支援。不過，如果能有效引導，他們也會逐漸培養出自我思考及行動的能力。

但由於日常工作繁忙，時間和資源有限，**有時你可能不得不採取指示而非支援的方式，來讓他們立刻採取行動。在這個狀況下須特別注意，避免讓支援成為支配。**

本書的首要目標是讓你在實際工作中獲得幫助，因此會著重於討論如何應對這樣的部屬（這類部屬可能占到六成，甚至包括後二〇%的部屬在內，而達到八成）。

最後剩下的兩人，則是過度被動，幾乎可說是依賴或寄生在組織上。他們常抱著能偷懶就偷懶、能搭便車就搭便車的心態，對公司、同事和主管都是如此。這些搭便車者，可能讓人聯想到「不工作大叔」（按：日本流行語，指已難為公司帶來貢獻，卻因為終身僱用制度而不會被輕易開除，能持續領到薪資的資深員工）。

重點在於，了解到**無論企業招募到多優秀的人才，搭便車員工也不可能完全消失**。群體形成後，即便是原本積極的人，最終也可能變得被動，這就是所謂的「社會性懈怠」（Social Loafing，指群體一起完成工作時，成員付出的努力少於單獨完成時的總和。這是由於部分成員認為他們的貢獻不會被重視，因此在團體環境中失去積極性）現象，是現實中常見的問題。

這也正是工蟻法則揭示有關組織運營的重要觀念。

4 不必強行改變搭便車的部屬

現在，我們已經建立了基本的認知，接下來我想討論，為什麼要在本書中介紹這些內容。

我已經分享了第一個前提：人無法被他人改變，但可以選擇改變自己。那麼，當這個概念跟工蟻法則結合，還適用嗎？

對於前二〇%的領導者來說，這個觀念完全適用。

至於中間六〇%的追隨者，只要我們適當引導，並且願意投入時間，他們也有可能改變。

但面對後二〇%的部屬，是否可期待「不工作大叔」變成「工作大叔」？在我與許多主管交流後，發現最實際、有效，且事後收到最多感謝的，是以下這個建議：「**以尊重部屬為前提，給予最基本的支援，然後就盡量放手。**」

坦白說，要將這個建議寫進本書裡需要很大的勇氣，但確實有許多學員表示，這個建議對他們產生很大的幫助，我才決定把這段話寫下來。

這個建議之所以有效，主要是因為**主管實在太忙，時間和資源總是有限**。能抽出時間來閱讀這本書，對各位來說已經是個奇蹟。

既然受限於現實情況，要將時間和力氣分給缺乏行動力的後二〇%部屬，未免有些不切實際。主管將自己擁有、可以運用的有限時間，投資在可能自我改變的人身上，才是最合理的選擇。

這樣的說法可能會讓一些讀者覺得過於冷酷、理性。其實，即使這樣解釋看似合理，我也有些抗拒。坦白說，在寫到這個部分時，我也感到有壓力。我們身為主管，都希望能領導所有人。這是我的真心話，也希望各位能繼續抱持著這樣的心情。

然而，主管不僅代表個人，同時也是組織的一員。既然身為主管，就應該對此有所認知，並在兩者之間尋求平衡。

為什麼我們得帶著這樣的矛盾面對工作？

主要的原因，也是為了保護自己。如果懷抱著所有人都能改變、成長，或無論什麼樣的人，只要溝通就能理解、改變的想法，最終只會讓自己感到無比痛苦、疲憊，甚至會因壓力而崩潰。

我自己也曾有過這樣的經歷。所以，為了維護自己的心理健康，希望你能接受如此現實的處理方式。

5 重視六〇%的追隨者

在前面提到的工作坊中，我也提出「對於後二〇%的員工，只給予最基本的支援就好」，許多參加者因此改變了他們的想法，我對此打從心底感到高興。

許多主管都具備同理心與耐心。然而，這也導致不少人因為過度關注後二〇%的部屬，最終身心疲憊不堪。

我想表達的是，請不要試圖改變那些搭便車的部屬，而是將心力投入在其餘八〇%的部屬身上。在這其中，只須投入極少量資源給前二〇%的得力助手，且能安排他們成為支援你繁忙工作的力量。

我們要特別重視的是中間六〇%的追隨者型部屬，他們若能得到主管的有效幫助，將有機會展現出主動性與當責意識，自動自發的處理工作。

雖然追隨者型部屬在本質上是被動的，但在適當的引導下，在一定程度上也能自我成長。

反過來說，**如果沒有給予適當的支援，這些追隨者可能會被後二〇%的搭便車者影響、扯後腿，**變得只會抱怨和發牢騷。**由於追隨者在組織中占了多數，無論是好是壞，他們會決定團隊整體的氛圍和動向。**因此，更有必要充分花時間和精神仔細的引導他們。

在接下來的章節中，我會詳細介紹支援的方法。

6 環境比意志力的影響更大

最後，我想討論本書的第三個重要前提：部屬會因環境而非個人意志成長。這句話是什麼意思？

前面提到人無法被他人改變，也解釋了組織結構會以二：六：二法則呈現。那麼，人到底會改變，還是不會改變？

前面看似矛盾的兩個觀點，其實隱藏了一個重要的本質。你知道是什麼嗎？答案是：人的意志力是脆弱的。

例如，假設你下定決心要瘦五公斤以上，但如同前述，這樣的意志容易因為現狀偏差而迅速瓦解。

不過，如果你有三個月之後要舉辦婚禮，或如果不通過體重檢測，就會失去比賽資格等強大的動力，就有比較高的機率戰勝維持現狀的誘惑，改變自己並達成目標。但這並非單純考驗意志力的堅強程度，**主要取決於是否身處在必須達成目標的環境中**。

或者，假設你原本有強烈的戒酒意願，但看到周遭的戒酒夥伴紛紛遇到挫折而放棄，身處在這樣的群體中，原本的動力也會大幅降低。

為什麼組織結構會以二：六：二法則呈現？這是因為能抗拒環境並貫徹自我意志的人幾乎不存在。

每個人都會希望工作盡量輕鬆、偶爾摸個魚。這種能偷懶就偷懶的心態，不只有後二〇％的人會產生，也是你我心中一部分的願望，這就導致了社會性懈怠等欠缺主動性的現象。

此外，日本人特別重視社會、集團和組織的意志，遠勝於個人意志，即使大腦中明白要有當責意識，但一旦稍有鬆懈，往往會順應周遭的氛圍，壓抑自己。這種心理在日本的文化中根深柢固，因此，許多部屬會受到環境的影響而隨波逐流。

這也正是除了前二〇％之外，其餘八〇％的人會偏向被動，甚至墮落成後二〇%搭便車者的最大主因。

無論是主管、部屬，還是你我，個人意志的力量其實都有限。

在時間上，我們會被現狀偏差牽制，而在空間（環境、群體）中，則會被二：六：二法則束縛。在日本人當中，這種傾向會更明顯。

或許你會覺得這樣的狀況有些悲哀，但我也不是在批評日本的組織文化。我只是認為，既然現狀如此，我們應該正視它，並以此為前提討論，這樣才能真正對日常工作帶來幫助。

事實上，從這個本質出發，我們可得到關於管理工作的重要觀念——**環境比意志更重要**。

首先，根據二：六：二法則可以了解，中間六成的部屬往往容易被後面兩成的員工影響，導致失去主動性和當責意識。因此，**主管須提供讓他們不會被少數人牽著鼻子走的環境**。假如無法做到這一點，再怎麼努力也無法打造出能讓部屬自我成長的組織。

另一方面，由於現狀偏差的存在，所以也不應該單方面期望部屬產生大幅度的變化。我建議盡可能**透過逐步、穩健的方式，協助部屬改變和成長**。如果要用一個詞來概括，那就是「循序漸進」。這是在三個前提中，統整得出管理部屬的重要基本態度。

目前已經介紹在應用技能前，須先認識的三個重要前提。越認真投入管理工作的主管，越容易產生「我必須改變部屬」、「不能受到周遭人們的影響」、「無論在什麼環境，都要自我約束並約束部屬」等，有些僵化的思維。

有上述想法的讀者，如果透過這一章的內容，能對「人們作為組織的一員，可能產生的變化」有更深一層的了解，我會感到十分榮幸。

若能提供必要的支援、協助部屬推動工作，營造出部屬能透過本人的意志，不受到現狀偏差的影響，以自我意識逐步累積小幅度成長的環境，那麼你就已經充分履行身為主管的責任了。

希望各位能以這樣的標準，重新檢視自己的管理觀念，讓本章成為改變的良好契機。

將第一章的資訊，精簡成三大要點

- 以「人無法被他人改變」為前提來管理組織。
- 人可以選擇改變自己，但有時在組織中須壓抑自我。
- 應該循序漸進的支援部屬的變化與成長，盡量避免求快。

請試著將學到的內容寫下來：

第二章

列出 4×4 表格，部屬就主動

1 部屬被動的理由

上一章分享了當管理部屬遇到困難時，應該回頭檢視的三個重要觀念。以這三個觀念為基礎，從本章開始，終於進入實踐篇。

首先，我想從在工作坊中最常被問到的煩惱：「部屬為什麼不願積極面對工作？」開始，提出相應的解決方案。

如前言曾提過的，以下是有關部屬主動性和當責意識的常見問題：

關於部屬工作方式、態度和動機的煩惱

- 不主動處理工作。
- 只會等待上級指示，無法自主思考、付諸行動。
- 缺乏當責的意識，時常優先考慮個人利益而非公司利益。

- 因公司缺乏明確的願景和方針，部屬無法確立判斷基準。
- 上級的決策變來變去，導致部屬無法維持一貫的標準。

就像上一章提到，特別是在日本企業中，人們往往優先考慮到來自團體的壓力，而非自我意志。因此，主管單純要求部屬多動腦或展現出當責意識，也很難奏效。

想克服社會性懈怠，以及重視社會氛圍勝於個人意見、主張的被動狀態，讓部屬積極主動的面對工作，具體來說該怎麼做？

解決前述煩惱的方法，可用一個關鍵字概括——「目標責任化」管理。

為了確實理解這個關鍵字，請繼續閱讀下去，並實際操作本章後半部介紹到的方法。

2 讓他了解自己為了什麼工作

你任職的公司是否存在企業理念、方針和願景？這些政策有多少程度被員工接受並實際運作？

我的上班族生涯大部分時間是在豐田度過，而豐田有一個名為「豐田哲學」（Toyota Philosophy）的理念。其中包含：在企業使命中提及「為所有人量產幸福」，或在企業願景中提到「將移動性轉化為社會的可能性」等。

你的公司是否也有這類企業理念？

此外，豐田還根據不同層級、定位與目的，制定「基本理念」、「豐田模式」（Toyota Way）、「豐田全球願景」、「豐田式問題分析與解決方法」（Toyota Business Practices，縮寫為ＴＢＰ）等企業理念，無論是主管或普通員工，都應該重視這些內容。

在前言曾提到，豐田很重視視覺化，就是其中一個具體例子，詳細內容可參考我的其他著作。但我還是想強調，豐田強大的基礎之一，正是來自言語化的力量。

為了實現這些企業使命和願景，或具體展現公司理念及規範，豐田每年都會制定年度方針。不過，雖然從時間上來看是「年度」方針，但如果從空間上來看，也可說是「企業全體」方針。

為什麼會這麼說？因為當年度方針確定後，還會細分為部門方針、室方針、組方針。每位豐田的員工都會確認上級的方針，**最終將自己的工作方針寫在一張紙上，以此具體說明自己的工作目標**，也就是「**為了什麼而工作**」。所有工作都是為了實踐自己寫下來的工作方針，且最終會與企業方針、理念連結。

正因實際感受到自己的工作與上級方針、組織文化之間的連結，使員工不會輕易動搖，具備當責意識，主動的完成每天的工作。

以上簡單介紹了豐田管理方法之一的「方針管理」。這個專有名詞的英文，是直接以日文拼音「Hoshin-Kanri」呈現，並應用於全世界的豐田公司。你任職的企業是否也有類似的機制？

另一方面，當我轉職到 GLOBIS 後，發現這家企業會進行不太一樣的活動。剛進公司不久，主管就告訴我：「我們要集合員工，一起去飯店開會。」當時我不太明白是什麼意思，但還是參加了那場活動。

當天，我們花了一些時間重新確認公司的理念、歷史和方針（對我來說不是確認，而是第一次接觸），並以此為基礎，進行了小組討論，談到在接下來的一年裡，自己如何面對工作。

附帶一提，GLOBIS 的企業願景是「增強與經營相關的人員、資本和知識的生態系統，創造並改變社會」。

當時，我負責的是「GLOBIS 知見錄」這個企業自媒體（企業透過網路發布和傳播資訊的媒體形式）的業務，在前述的企業願景中，正對應「知識」的部分。

在小組討論時，我記得自己逐漸感受到一股強烈的使命感：「未來我將負責把與商業相關的有用資訊（知識）傳遞給社會，並從事有助於改善商務環境的工作。」

活動結束後，也因為這個簡單而明確的判斷標準，讓我能更積極、主動的面對工作。

在工作中面臨選擇困難時，我會嘗試回歸這個簡單的問題：「這是否有助於實現公司的願景？」如此一來，就不會偏離軌道或心生動搖，並採取必要的行動。

前述的這個活動，在GLOBIS被稱為「靜思」。當然，這個活動也有促進員工交流及強化組織凝聚力的效果，但我主要想表達的是，此活動在根本上與豐田的方針管理概念不謀而合，只是形式上有所不同。

3 管理的標準要明確

透過前面豐田和 GLOBIS 的例子，我分享了自己展現當責意識，並得以積極主動面對工作的歷程。

表面上看來，這兩個工作經驗似乎存在著相當大的差異，但其實兩者的核心相同，就是本章開頭提到的「目標責任化」。

關於企業願景的問題，以下我列出了三個階段，希望各位能結合任職公司的實際情況來檢視，你目前身處於哪個階段？

- 階段一：公司沒有制定願景或方針。
- 階段二：公司雖然制定了願景或方針，但沒有明確說明。
- 階段三：公司可能曾說明過，但你既不記得，也無法活用在工作上。

首先是階段一：公司沒有制定願景或方針。在與眾多商務人士互動的過程中，我經常聽到以下的說法：「我們公司根本就沒有什麼方針或願景。」我成為獨立工作者、投入社會人士教育工作已經有十年，發現這樣的言論比想像中的多，特別是在初期，每次聽到都覺得驚訝。

完全沒有願景、理念或方針，等同於宣告「我在工作上沒有任何判斷的標準」。在這種狀況下，無論是身為管理者還是執行者，都無法進行合理的判斷或決策。因此，**如果有主管表示「我不知道該以什麼標準來管理部屬」，那麼表示這個人根本無法勝任管理職務**。然而，竟然有這麼多人能毫不在乎的說「我們公司沒有這些東西」，實在令人費解。

在與眾多商務人士的交流中，我逐漸了解到問題的根源。

宣稱「我們公司根本沒有什麼願景」，並經常抱怨工作的主管，其實有一個共同點。簡單來說，就是：**主管自己也不願積極主動的面對工作**。

在第一章中，我提到了社會性懈怠等關鍵字——許多日本企業依然傾向於優先考慮群體（被動性），而不是個人（主動性），在這樣的工作環境中，主管也很難以積極的態度面對工作。

如果你也曾有過類似的感覺，請務必理解這個狀況可能導致的影響。然後，從恢復自身的當責意識開始重新出發。否則，你的部屬就只能一直被動的面對工作，並且不斷重複這樣的循環。

不要試圖改變部屬，而是改變自己。這也是我們在第一章中學習到的觀念。像這樣以正確的認知（知識原理）為基礎思考，才能激發出實踐的動力，並導向能使部屬自我變革的管理模式。

4 真的一點理念或願景都沒有嗎？

為了讓前面的論述更清晰易懂，我想分享一個我在某家公司演講時，與一位聽眾之間的小故事。

這位聽眾一開始表示：「我們公司根本沒有什麼理念或願景。」而且表現得像個受害者一樣。

他大概只是希望我回一句「真的很辛苦」，但在仔細聆聽並表達慰勞之意後，我還是向這位主管提了一個問題：**「真的、完全，一點理念或願景都沒有嗎？」**

自二〇一二年以來，我不再是個上班族，而是一名經營者。我成立了公司，並提出「用一張紙展現自信與能力」的願景，經營自己的事業。因此，我可以肯定的說，如果一家公司真的沒有任何理念、方針或目標，那麼這家公司根本不可能存活下來。

這位主管任職的公司是一家人人皆知的大企業，已經存在數十年了。所以，不可能完全沒有。事實上，身為外人的我，也讀過有關這家公司的書籍，了解其中的一些理念。

也就是說，本應存在的願景和理念，只是這位主管自己認為「沒有」而已——這才是真實的狀況。

實際上，我當場請他打開公司的官方網站，結果發現企業願景、理念、使命和價值觀都清楚的寫著，足以說明「我們為了什麼而工作」這個問題。而且，在公司的內部網站中，還有「本年度方針」的欄目，甚至有一段社長對此熱情洋溢、滔滔不絕的講了一小時的影片。

假如你也覺得自己的公司處於階段一：公司沒有制定願景或方針，我也想問你一個同樣的問題：真的、完全，一點都沒有嗎？

5 將企業願景與實際工作連結

基於上述觀點，接下來進一步探討階段二：公司雖然制定了願景或方針，但沒有明確說明的實際狀況。

前面提到的那位主管，在查看公司官網後的反應是：「這種抽象的理念和方針，有跟沒有一樣。」

確實，我遇過不少人會感嘆「我們公司的願景就像在寫詩一樣」。有些讀者或許也有相同的想法。

然而，組織越大，涉及的產品、服務和業務領域就越多，理念、願景和方針也會越抽象，這是必然的現象。「獨立且具體的整體企業方針」本身就是一種自相矛盾的說法。方針，原本就是抽象的存在。

許多人會抱怨「公司應該要有更明確的目標」，但我也希望藉由這個機會，好好喚醒這些人。**主管的責任，就是思考這些抽象的理念，將它們與你所屬部門的工作連結起來**，並轉換成具體的語句再傳達給部屬。

當時機到來，希望你也能認真面對這樣的挑戰，這是本書能否對你產生實質幫助的重要關鍵。

6 不要專注在自己無法改變的事上

最後要談的是階段三：公司可能曾說明過企業願景，但你既不記得，也無法活用在工作上。到了這個階段，已經不需要過多的解釋了。

就如同對階段一與階段二的論述，這個階段的問題**主要也是出在主管本身，無法主動將公司方針應用在自己的工作中**。我認為，應該要盡可能從自己身上找出問題的根源。

如第一章提到，能改變的只有自己。既然如此，如果不接受這一點，你無法憑藉自己的力量來改善現狀。

前述三個階段，都**顯示主管本身的主動性與當責意識的重要性**。就如同無法輕易改變部屬一樣，你的主管和公司也難以輕易改變。

本書不是寫給經營者閱讀的書籍，因此不會探討經營者應該明確制定出企業願景和方針這類話題。不聚焦在自己無法改變的事上，這是本書的一大宗旨。

當然，在階段一或階段二中，經營者或許有不夠完善的地方。但即便如此，我們能改變的，還是只有自己身為主管所採取的態度和行動。

因此，請停止抱怨「公司的願景就像在寫詩一樣」，先嘗試思考、深入認識這些理念，並與日常工作連結。

7 書寫、講述、重複

那麼具體來說，**如何將公司願景與日常工作連結在一起？**讓我們稍微回顧一下前面提到的兩個實例。

無論在豐田或GLOBIS，我做的事其實在本質上非常單純。用一句話來概括，就是「不僅輸入，還要輸出」，如果要具體形容「輸出」這個詞彙，則可以轉化成以下三個動作：**書寫、講述、重複**。

在豐田，會透過將方針「書寫」下來，來理解其中的意義；GLOBIS會透過在靜思活動時的「講述」，來分享自己的見解。

此外，這兩家公司不會只停留在實際操作一遍，而是會定期在中期回顧階段，讓主管與部屬相互討論並修改，獲得檢查、確認和改進的機會。這就是最後的「重複」動作。

如果你無法向部屬清楚解釋工作的意義，並覺得是公司沒有明確說明工作目標所導致，而推卸自身的責任，向部屬抱怨「沒辦法，現狀就是這樣」，那麼就是將資源耗費在無法改變的事上，如此一來只會形成惡性循環——部屬只會模仿你的言行舉止。

有種說法是「孩子是父母的鏡子」，這句話同樣適用在管理上——「**部屬是主管的鏡子**」。如果你從部屬的表現中，看見自己推卸責任、被動、缺乏當責意識的姿態，那麼接下來，當你看到簡單易懂的紙一張框架時，就不會想到「好，這個方法，我應該交代部屬○○跟○○去做」，而是能自然而然的想：「先從我自己開始嘗試。」

如果缺乏這樣的心理準備，或沒有徹底理解前述的原理，那麼本書中提到的方法將無法實際應用在工作上，只會讓你的部屬感到困惑或被潑冷水。

希望你能確實掌握書中目前講述的內容。

8 豐田的「紙一張」技術

希望部屬面對工作時態度更加主動，關鍵仍在於主管能先展現出積極的當責意識。因此，接下來我會介紹幫助你（主管）更加主動面對工作的方法。

第八十八頁的圖表3，應用了我提倡的商務技能「紙一張」框架®，並為了達成「更加主動面對工作」這個目標而特別設計，可協助填表人將公司願景與日常工作連結，以提升工作的積極度。

紙一張框架是我研究豐田員工每天提出的報告，汲取其中的精髓，並經過系統化、具體化而建立的技術，不僅能應用在製作資料上，也適用於其他眾多商務技能。

無論是整理思維、溝通，或本書的主題「管理」，這項技術幾乎可應用在所有商業書探討的內容中。在序章曾介紹的卡茲模型中的三種能力，也能透過此方法來學習。

本書的重點在於活用紙一張框架，而不是學習框架結構本身。所以，關於這個方法的成形背景我只會簡單介紹，更多詳情可參考之前的拙作《在豐田學到的「一張紙！」思維技巧》（按：目前無繁體中文版）。

豐田的報告通常如第八十九頁的圖表4所示，會在一張紙上準備許多框架，並在每個框架中填入主題。這些**框架會成為思考和傳達時的條件限制，以避免將所有想法都當作資料來處理**。

在這個過程中，**你會半強制的被迫養成深思熟慮的習慣。也由於需要將內容濃縮到一張紙內**，會自然而然的鍛鍊到摘要力、將想法轉換成文字的能力，以及在抽象和具體之間轉換自如的思考能力。

經過多次思維整理後，你會培養出在報告、聯絡、商談和做簡報等場合中，簡明扼要的在短時間內向他人說明清楚，以及無論對方問什麼問題，都能準確回覆的應答技能。

透過豐田的紙一張文化，我學會了所有業務的基礎工作技能。以序章中卡

圖表 3　紙一張框架：將公司願景與日常業務連結

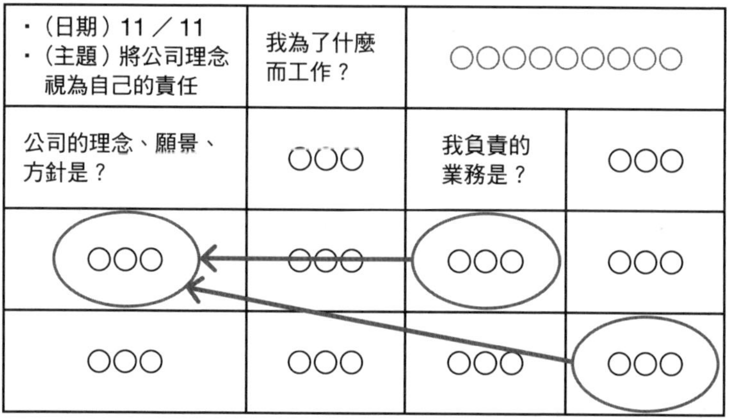

・（日期）11／11 ・（主題）將公司理念視為自己的責任	我為了什麼而工作？	○○○○○○○○○○	
公司的理念、願景、方針是？	○○○	我負責的業務是？	○○○
○○○	○○○	○○○	○○○
○○○	○○○	○○○	○○○

茲模型來形容，這些都是技術能力。

過去的工作經驗讓我感到震驚：「填寫一張紙這個簡單的動作，就能讓自己有這麼大的成長和改變！」於是我決定進一步研究，並在工作中反覆嘗試、實踐。而研究成果結合了「紙一張」、「框架」和「主題」這三個要素，最終彙總成圖表3。

如同圖表3所示，在紙一張框架中，左上角會寫上日期、主題（可用綠筆填寫）。本書接下來將介紹各種不同的範例，都會提到三個重點要素（紙一張、框架和主題），每次出現時不妨多加確認。

圖表4　豐田的「紙一張」範例

企劃書

請○○部長鑒核
○年△月×日
○○部　淺田

有關～企劃

1．企劃背景

2．企劃概要

3．預算、供應商等

4．時程安排

出差報告書

請○○部長核備
○年△月×日
○○部　淺田

新加坡出差報告

1．出差目的

2．商談結果
案件1
案件2
案件3

3．今後的因應對策

解決問題

請○○部長鑒核
推廣業務計畫
○年△月×日
○○部　淺田

1．歸納問題

2．現況掌握

課題	課題點	詳情
①	①→1 ②→2	
②	①→1 ②→2	
③	①→1 ②→2	

3．目標設定

4．真因分析

5．訂立對策

6．實施結果

7．今後展望

接下來，我們要以圖表3的四×四表格為例，開始實際練習。書寫過程可拆成以下三個步驟：

第一步：從公司的理念、願景、方針當中，提取關鍵句

首先，將表格分成上面三格（右上兩格合併成一格）、左邊六格、右邊六格。

接著，請先填寫表格左半部的欄位。

請確認自家公司的理念、願景、方針等目標，並從中找出關鍵句寫進框架中。建議使用藍筆填寫，如果沒有的話，黑筆也可以。

共有五個欄位可寫（左上角先用綠筆寫上標題「公司的理念、願景、方針等目標是？」），當關鍵句過多，也可聚焦於特定部分，例如只寫理念或願景。書寫時盡量簡潔，文字長度不超過三行，以片語或單字為主。

要是找不到適合的關鍵句，可試著問自己：「我最想傳達的是什麼？」、「總結來說，該如何表示？」、「自己會怎麼跟完全沒概念的親友解釋？」

透過這些問題，將實際狀況轉化成屬於自己的文字後，寫在框架中。

一開始可能會有些困難，但如同運動訓練，持續練習是最重要的。堅持下去，最後就能輕鬆的完成這項作業。

第二步：寫出屬於自己職責的關鍵句

接下來，在右半部寫出屬於自己工作職責的關鍵句（左上角先用綠筆寫上標題「我負責的業務是？」）。

此時最好專注在一項工作上，但如果覺得寫出多項工作的關鍵句比較容易，也可考慮這麼做。建議多試幾次，以找出最適合自己的寫法。

第二步的填寫技巧跟第一步一樣。盡量簡單扼要，以片語或單字為主。

第三步：連結左半邊和右半邊的關鍵句，並重新解釋

填寫完之後，請從整體俯瞰、比較左右兩邊，試著問自己：「左右的句子是否有關聯？」仔細觀察，思考它們的含義後比對。

如果發現「這個部分好像有什麼關聯」，或「原來理念、願景和方針的這部分，跟我的工作有關」，**請用紅筆圈起這些句子，並用線將它們連起來，**也可以在空白處寫下你想到的字句。

最後，在紙一張框架的右上方，寫下「我為了什麼而工作？」這個問題（可用綠筆填寫）的答案。**答案建議用紅筆書寫，但跟前面的步驟一樣，如果沒有紅筆，用黑筆也可以**。

由於填寫空間有限，因此你自然會思考：「總結來說，要怎麼表示？」、「最重要的關鍵是什麼？」這樣一來，就能用較簡單且容易理解的表達方式寫下答案。

當你寫下答案時，如果感到心情暢快，或視野突然變得清晰許多，這正是將公司的目標轉化為自我目標的時刻。

今後，紙一張框架會成為你工作上的重要判斷標準，協助你能毫不動搖、積極主動的對工作展現出當責意識。

以上就是透過紙一張框架，實行目標責任化的過程。

圖表 5　紙一張框架：確立本書的寫作目標

・11／11 ・寫作的目標	我為了什麼而寫？	教主管利用紙一張框架，提升支援部屬的能力	
公司的理念、願景、方針是？	「傳遞」學習的喜悅、「相伴」他人的快樂、「被選擇」的滿足	我負責的業務是？	當主管充分展現自己，也能讓部屬靠自己找到自信
只需要紙一張框架，就能發光發熱	工作有框架，自我有支柱	這是第一次為主管寫書	從支配管理到支援管理
透過紙一張框架掌握本質，自由自在的生活與學習	○○○	首先，要讓主管憑藉自己的力量找回自信	在多元化的時代，創建共通語言和框架

按照這三個步驟填寫，你會發現，原本看似抽象的公司理念，已經透過你的重新解釋，轉化成自己的工作目標。上方圖表 5 是我以自家公司願景與撰寫本書為例，所寫的紙一張框架。

左半邊是公司（「紙一張」WORKS 股份有限公司）的理念和願景，右半部則是我負責的工作（本書的寫作），然後相互比對，再將有關聯的項目連結起來，以確立本書的寫作目標。

事實上，這個框架成為我撰寫本書的基礎動機與原動力。在我感到迷茫時，提供了一個明確的判斷標準，幫助我以同一個理念堅持到最後，並積極、主動的完成了這項工作。

請你也務必以自身的工作為主題，製作出屬於自己的版本。

9 五分鐘內就可完成

接下來，為了幫助你更順利的應用紙一張框架，我會介紹一些常見的相關問題，並給予相應的建議。

首先，我會建議用綠色、藍色和紅色這三種顏色的筆來整理思維，目的在於促進將想法轉換成文字的效果。因此，對於難以將自己想說的話轉化成言語的人，我特別推薦使用這三種顏色來填寫框架。

不過，首要目標是展開實際的行動。如果手邊沒有三色筆，一開始用黑筆也可以。如果你寫了幾張後，想繼續運用這個方法，並且真的希望提升自己的能力，就可改用三色筆來整理思維，會比只使用黑筆更有效果和效率。

有些人在了解紙一張框架後，可能會覺得太過簡單而感到興趣缺缺。請試著將這點看作是一個優點：正因為簡單到令人吃驚，才能真正付諸實行。

事實上，我認為任何以實踐為目標的商務技能，都應該設計得簡單、易行、直接。我花了十年的時間，致力於研究、開發這類技能，紙一張框架就是其中之一。

當你熟練後，**應該可以在五分鐘內完成框架中的內容**。

即便填寫紙一張的過程簡單，仍能讓許多商務人士感受到大幅變化，例如「實際感受到與公司的連繫」、「更清楚對工作應該採取的方針」、「五分鐘前的自己就好像別人一樣，現在面對工作更有動力了」。這些都是投資零碎時間就能獲得的回報，從時效比（Time-Performance Ratio）來看，這樣的收穫已經很值得了。

最後，還有一點需要特別強調：紙一張框架並非一蹴可幾。我在第二步中提到「可多試幾次」，也是為了在數度反覆思考和整理中，磨練你將思想轉換成文字的能力，構思關鍵句的能力也會不斷提升。在這個過程中，你會與公司的方針和理念建立更緊密的連結，自然能強化主動性與當責意識。

這也是最理想的實踐方式。

簡單來說，正因這個方法以多次填寫為原則，所以能把每一次實際操作的負擔降到最低。即使你寫了三張紙，總共也只需要大約十五分鐘，相當於看一集NHK電視臺晨間連續劇的時間，可說是非常實用且高效率的技能。

10 讓部屬寫自己的版本

重要的是，**最終目標是讓部屬也能寫出自己的版本**。正因為這個方法足夠簡單明瞭，才賦予了它更大的價值。

主管首先要做的，是透過實踐這個方法來恢復自己的主動性和當責意識，並以各種形式，向部屬展現積極的工作態度。

我的某些學員，甚至會將完成的紙一張框架放在文件夾裡並隨身攜帶，以確保在工作時能隨時拿出來看，避免自己遺忘「為了什麼而工作？」的初衷。透過類似這樣的方式，先讓自己充分意識到工作的目標，才能進而展現積極主動的姿態，為部屬樹立榜樣。

與其批評公司或管理層，不如自己先展現積極主動、具備當責意識的態度。部屬在看到後，心態上也會慢慢產生變化。

上一章曾提到，雖然只想搭便車的部屬會一直存在，但你的目標並不是改變所有人。大多數追隨者型的部屬，很可能會受到你的積極態度（工作環境）的影響，也想採取相同方式來面對自己的職責。

當你持續付出這樣的努力，開始聽到部屬表示「我也想試試看」的時候，這代表本章所探討的問題和煩惱，幾乎都已迎刃而解。

接下來，就可以向部屬解釋紙一張框架的應用方法及其背後的原理，並讓他們實際動手寫看看。

雖然說是「讓他們寫」，但不須強制執行。因為部屬在這個階段，已經願意傾聽你的意見，令人驚訝的是，他們會非常樂意且自動自發的寫下自己的版本。反過來說，假如你自己沒有實行過這個方法，只強迫部屬填寫，他們肯定會被動的應付了事。當在管理上採用強權，會形成一道強制力，已經無關乎引導，而是一種支配的行為。

管理部屬，為什麼自己須以身作則？將第一、二章的內容結合後思考，相信你能更加深入理解其中的道理。

11 定期檢視

如果你覺得解釋紙一張框架的寫法太過複雜，可直接把本書交給你的部屬，讓部屬自行閱讀、練習。

此外，若是想與多位部屬一同執行這項活動，可將紙一張框架複印後發給每個人，並計時五到十分鐘讓大家同時填寫。之後再花三十分鐘左右的時間互相發表填寫的內容，這樣不僅能實際書寫，還能透過講述來增進思想轉換成文字能力的效果。

如此一來，便可在一小時內取得目標責任化管理的成果。這能達到近似於我在 GLOBIS 參與靜思活動的效果，請帶著輕鬆的心情嘗試。

除了書寫和講述，最後一個關鍵字是「重複」。

在完成目標責任化的初步作業後，請不要就此當作結束，**更重要的是設**

置定期檢視的機會，例如可以每週、每月或每季進行一次。

適當的檢視週期因人而異，請觀察部屬的主動性和當責意識，並在必要的時機檢查。

舉例來說，豐田會在日本會計年度的期初，也就是四月，制定言語化的個人方針，並在半年後、九個月後和期末分別進行三次檢視。這樣的時間安排提供各位參考。

將第二章的資訊，精簡成三大要點

- 主動性和當責意識的本質，在於將目標視為自己的責任。
- 在要求部屬前，先確認自己面對工作時，態度是否積極、主動？
- 實踐的關鍵，在於書寫、講述、重複。

請試著將學到的內容寫下來：

第三章

用 2×2 表格，理解他

1 一流主管必備的洞察力

上一章探討過有關部屬主動性和當責意識的煩惱。重點在於主管要率先將工作目標視作自身的責任，展現當責意識來面對工作，並透過持續示範，激發容易隨波逐流的部屬思考：「我該如何像主管那樣處理好自己的工作？」

接著，主管再分享上一章介紹到的紙一張框架，幫助部屬尋找「我為了什麼而工作？」的解答。

這種非支配管理，能避免部屬只停留在理解，更進一步將他們導向實踐的道路。

而這一章的主題與建立人際關係相關，在流程及方法上與前述內容有相似之處。

我們先來複習一下，序章中提到主管煩惱的第二點。

與部屬建立人際關係和對話的煩惱

- 部屬的背景多元，主管難以掌握他們的感受和想法。
- 年長的部屬增加，主管難以應對。
- 部屬多為轉職者，主管難以共享組織文化與價值觀。
- 部屬理解力低落、容易誤解，主管須花更多時間說明。
- 即使請部屬表達想法，仍然難以掌握重點，主管聽不懂到底發生什麼狀況。

對於後半部「部屬理解力低落」，以及「聽不懂部屬要表達的重點」，我會在下一章說明。因為若是直接處理這些問題，可能會讓主管重新陷入該如何改變部屬的煩惱。為避免這種情況，本章會先將重點放在討論前半部的問題，也就是**難以理解部屬的感受和想法**。

這些問題的重點都在主管身上，所以不該試圖改變部屬，而是要透過自我成長來突破這個困境。當主管提升理解力與共感力，自然會更容易聽懂部屬想表達的意思。即使部屬說的內容支離破碎，也能深入推測、洞察其意圖，幫助釐清重點，開拓新的支援途徑。

因此，本書將以一整章篇幅，詳盡探討**與部屬建立良好溝通的重要基礎——洞察力**。

2 理解他人的具體工具

如何觀察部屬，才能有效理解他的感受和想法？

針對這類問題，前人已經留下了許多寶貴的知識，其中有部分在企業間被廣泛的應用。

舉例來說，有以下這些具體的工具及理論：九型人格（Enneagram）、自我狀態（Egogram）、DiSC 理論、五大性格特質（Big Five personality traits）、赫曼全腦優勢（Herrmann Brain Dominance Instrument）、MBTI、社交風格（Social Style）、優勢識別器（StrengthsFinder）、財富原動力（Wealth Dynamics）等。

相信許多人曾透過各種培訓課程、講座或教材學習這些理論，甚至進行相關的性格測驗。反過來說，假如你從來沒有接觸過這些分類理論或測驗，那就可能像序章的卡茲模型所述，會在缺乏對人際能力的基礎知識的情況下，貿然挑戰管理領域。

須理解的一點是，這可能正是你在與部屬的溝通過程中，持續感到困惑、煩惱的原因。本章的內容，會透過實際的練習來學習這些人格理論基礎，也希望各位以此為契機，持續磨練、逐步提升你的觀察力。

3 我花大量時間學理論，但……

如果你對上述某些理論已經有些了解，甚至深入學習過，我在這裡也想向你提出一個問題：

無論是哪種分析方法，目前你還記得多少？你能運用這些理論，解釋自己或部屬的特質嗎？有沒有任何一種理論，在你和部屬的關係中，提供了實質上的幫助？

過去，我曾向不少主管提出這些問題，但鮮少得到「這些理論對我很有幫助」等正面回答。儘管學過這些知識，但無法充分應用在平常與部屬的互動中——這是我長期觀察到的實際情況，不知是否也與你的經驗相符？

不過，我會這麼說，並不是想批評無法運用這些理論的人。因為事實上，我自己也曾是其中之一。

我原本就不擅長和他人交流，如果用人格理論來表現，我本身就是個極其內向的人。每次進行人格測試，最後總會顯示出這類性格特質。

但身為一名上班族，要是無法與同事和客戶建立良好的人際關係，並使溝通順暢，工作就無法順利進行。我深知不能因為內向，就一味逃避與人交流。只不過，如果毫無準備就與人交談，我很快就會陷入沉默，完全不知道該說什麼才好。因此**對我來說，洞察力是比其他任何商務技能，更迫切需要的重要能力之一**。

為了脫離這樣的窘境，在二十幾歲時，我投入了大量時間和金錢，深入學習各種人格理論和分析，而且每學到一個理論就立刻應用在工作中，但最終還是無法真正了解他人，只好在心裡盤算著應該還有其他可能性，轉而學習另一項理論。

我研究的不僅限於商業書中常見的理論，也包括根據腦科學和心理學所統整的學術知識，甚至涵蓋部分人可能認為偏向靈性學說的九星氣學和占星學。就結果來說，我徹底成了一位人格分析愛好者。

如今，追求各種理論的迫切感早已消失，但當我回顧當時的狀況，或該說，即使想回顧，大部分內容我都不太記得了。

正如前面提到，當時的我完全無法把知識運用在工作上。雖然投入了大量資源研究，但能實際投資在工作上的例子卻屈指可數。八成以上的時間和金錢，最終只是白白被消耗掉，沒有帶來任何回報。

4 人格分類測驗，有用嗎？

接續前面的內容，當時的我雖屬極端，但相信不少人也曾有過類似的經驗。我也曾深深思考過，為什麼會這樣？才發現無法實際應用的分類理論和性格測驗，其實都有一個共同點。那就是其中的**資訊量過多**，難以完全理解、記住或回想。因此，當需要運用在工作上時，往往無法發揮作用。正因為忽略了這一點，才導致許多人陷入類似的困境，而我帶著這樣的問題意識投入工作。在過去，就曾發生過一個象徵性的實例。

那時我負責某家企業的培訓課程。在開課前一天，所有學員都去聽一場有關某知名人格測驗的講座。我在上課前得知此事，於是在上課時，問了學員一個問題：「關於昨天的人格分類測驗，你們還記得內容嗎？」

我原本只是想當作講課前的破冰活動，所以詢問這個問題。但可惜的是，在場的五十人當中，完全記得該理論所有類型的人，竟連一個也沒有。

有些人能說出自己的測驗結果名稱（大多數人根本已經忘了），但沒有任何人能完整說明。所有學員都表示，「光是符合自己類型的資訊量就太多了，沒辦法全部理解」、「根本沒有餘力去了解其他人格類型」、「雖然聽起來很有趣，但總覺得很難應用在工作上」。學習不到二十四小時就是這樣的狀況，更不用討論在工作崗位上該如何運用。

身為一名教育人士，我認為現今應當正視，缺乏實用性質的商務技能教育過於泛濫的問題。雖然不是人格理論領域的專家，但我也曾因迫切需要洞察他人能力而尋求相關領域的知識，過去的經歷使我無法忽視這樣的現狀。

更重要的是，希望能為跟過去的我有相同煩惱的讀者，提供一些更有意義的幫助。正因為這樣的強烈感受，我才藉由本章提出這樣的現象。

5 太過詳細的分類，等於沒分類

希望人格理論能實際應用於洞察部屬的感受與想法，**就必須具備類型數量少這項重要的條件**。

確實，詳細的分類有助於深入理解，也能更仔細的解釋複雜的現實狀況。對教學者來說，詳盡的分類能安排為長時間的課程，而學員在努力理解難度較高的內容後，也能得到「我連這麼複雜的內容都聽懂」的滿足感。

然而，商務學習的重點不在於是否能徹底理解，**而在於是否能真的實踐**。仔細分類，花大量時間理解，最後理解並感到滿足，這只不過算是站上了實踐的起跑點而已。

那麼，為了確保實用性，適當的分類數量應該是多少？我曾向許多學員提出這個問題，得到最多的回答是「三個」，多數人認為「最多也就五個」。

因此，面對超過六個類型的人格理論，既然之後肯定會忘記，不如乾脆全部捨棄。即使其中不乏知名的分類理論，但至少在商務技能上，這些理論沒有達到必要的條件。這絕不是批判評或指責，只是一名人格分析愛好者最終所得出的結論。

排除掉超過六個類型的理論後，似乎會進一步凸顯出某些數字。在篩選過後，保留的分類理論大都只具備三至四個類型，這個數量也剛好可應用於紙一張框架中。因此我選擇有四個類型的人格理論，運用於整理思考。

接下來，這個章節會呈現出整理的過程。

具體來說，不是直接展現出結論，而是希望和各位一起歸納出要採用的框架。讀完本章後，就等於完成了理解和實踐的過程，並同步進行閱讀和學習上的體驗。

現在，就讓我們一同透過實際填寫的步驟，找出能幫你洞察自我與部屬的紙一張框架。

6 找不同，也要找相同

在閱讀大量有關人格研究的文獻，以及參加不同講座的過程中，我逐漸意識到一個現象。各個理論的提倡者，當然都會強調自家分類理論的準確度，但他們的解釋方式大致可分成兩種方向。

一種是從「跟其他理論相比，自己提出的方法有多優秀」這個角度解說；另一種則是完全不了解其他理論，只是一味強調自己的方法能讓工作順利進行，並且改變人生。無論哪種方法，他們都宣稱「自己的方法是最好的」，但我決定採取與這兩種截然不同的第三種方法。

那就是**與其問「有什麼不同」，不如問「有什麼相同」**。

我不會聚焦在各項人格理論的差異性，而是專注探討它們的相似點和共同點。我認為，這樣能接近問題的本質，也更能融會貫通，將各理論轉化為自己能理解的內容。

附帶一提，正如前一章所述，我的這種思維模式，是從豐田每天使用紙一張來總結報告的過程中培養。

只關注大量資訊的差異性，在進一步細分後，也很難簡化、歸納成用紙一張框架來表現；相反的，**如果找出相似的部分**，並盡量將其轉化為文字，寫在紙上的內容會越來越少。

倘若不具備這種能力，根本無法每次都順利的把資料彙整在一張紙上。換句話說，這種提交紙一張的文化，其實就是培養員工洞察人事物共同點的職場訓練。

7 紙一張表格的實際運用

那麼，如果將各項人格研究結果，應用在培養洞察力等抽象的能力上，會得出什麼樣的結果？

如同前述，如果牽涉到太多種類型，各位很可能難以理解、記憶和應用。因此，我選出五種在社會人士教育領域中常見的分類方法，並透過紙一張框架的二×二表格說明。在這個過程中，**重點在於比較時的角度，應該著重在有哪些相似的地方或共同點，而不是有什麼差異**。希望在實際填寫時，能協助你建立起洞察人性的著眼點。

1. DiSC 理論

首先要介紹的是知名的「DiSC 理論」。

這項理論的起源可追溯到一九二〇年代，由美國心理學家威廉・馬斯頓（William Marston）提出，自一九六〇年代左右，開始在商務技能的培訓領域中流傳。

在一九九〇年代後，許多日本企業廣泛採用這個理論，所以有不少人可能曾接受過這個測試。

如果你完全沒聽過這個理論，請不用擔心，我會先簡單介紹其概要。

在 DiSC 理論中，人們的性格被區分成以下四種類型：

- D 型＝Dominance（主導型）：著重行動、結果和挑戰精神。
- i 型＝influence（影響型）：著重社交、樂觀和人際氛圍。
- S 型＝Steadiness（穩健型）：著重謙虛、關懷和支援。
- C 型＝Compliance（分析型）或 Conscientiousness（慎重型）：著重分析、冷靜和理性。

圖表 6　紙一張框架：DiSC 理論

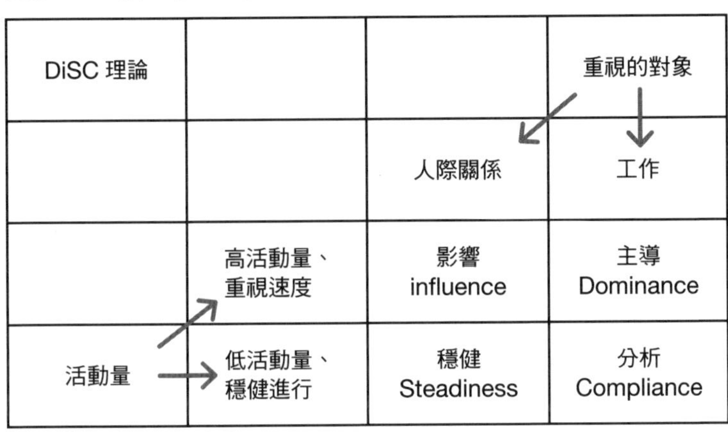

DiSC 理論			重視的對象
		人際關係	工作
	高活動量、 重視速度	影響 influence	主導 Dominance
活動量	低活動量、 穩健進行	穩健 Steadiness	分析 Compliance

這些類型的描述，有些是我為了讓各位更容易理解，在參考相關文獻後重新解釋。這四種類型的基礎，來自於兩個主軸。主軸一是「重視的對象」（工作或人際關係）；主軸二是「活動量」（高活動量、重視速度，或低活動量、穩健進行）。

將這些知識，應用在前一章學習到的紙一張框架中，就會形成上方的圖表6。

回顧前一章的內容，應該能更深刻的認識到，運用視覺化的框架將所想的內容轉換成文字，比起單純的口述或文字表達，更能大幅提升理解的效果。

在此讓我以紙一張框架為基礎，重新介紹前述的四種人格類型。首先是右上方的「主導型」（D型），這種類型的人重視工作勝於人際關係，因此通常具備高度行動力，擅長處理大量的工作。你的部屬當中是否有這樣的人？或者，你自己就屬於這個類型？

接著是左上方的「影響型」（i型），他們比D型更重視人際關係，因此在執行業務時非常注重溝通。這類型的人通常格外重視公司內外的溝通品質。如果你發現某位部屬在會議、討論或郵件往來中，頻繁提出改善溝通品質的需求甚至是抱怨，那麼這位部屬很可能就屬於影響型。

再來是左下方的「穩健型」（S型），他們重視人際關係，但行動速度較緩慢。這類型的人擅長傾聽並細心關照他人的需求，在處理工作時會逐一聆聽每個人的意見，並穩健推動工作進行。

最後是位於右下方的「分析型」（C型），這個類型的人重視工作，但活動量較低。這類型的人更適合從事管理或事務工作，能專注且高效率的處理繁瑣的數據分析，或其他需要投入時間、精力的工作。想一想，你的公司裡有哪些工作需要這種高度的專注力？誰又是最能勝任這類工作的人選？

實際動手寫寫看

在此，我將介紹不同於上一章的學習方法。以前面的說明為基礎，請你動筆填寫紙一張框架：

- 直接填寫第一二五頁的圖表7。
- 準備好一支筆（建議使用藍筆，但黑筆也可以）。
- 打開本書的第一二五頁。

這次只須在框架內寫上名字，所以不必特別準備另一張紙，可以直接寫在書上。如果不想寫全名，用縮寫或綽號來代表也可以。

首先，請思考自己屬於哪個類型，然後用藍筆在四格中的其中一格寫上自己的名字。接著，再思考你的部屬屬於哪個類型，將他們的名字一一填入相對應的空格中。

區分的關鍵，就是**將部屬的口頭禪視為判斷的標準之一**。

舉例來說，右上方的類型常會說「然後呢？」這類催促他人的話語；左半部的人格類型重視人際關係，所以會把「我們聊聊吧？」或「隨時跟我說」等話掛在嘴邊。

再看上下兩個部分，下半部的類型是慢條斯理型，常會回答「等一下」、「不一定要現在決定吧？」等。

前面舉了幾個口頭禪的例子，但請不要死記硬背，也不須對外尋求答案。請嘗試回想、模仿每位部屬的言行，重新呈現出他們平常的話語和行為，並思考他們常說的話，判斷這些言行屬於紙一張框架中的哪個類型。

在接下來的內容中，會再重複四次類似的過程。越真誠、積極的進行，就越能磨練出獨樹一格的洞察力。

如果平常經常關注部屬的言行舉止，你應該會覺得這個練習還滿有趣的。

圖表 7　紙一張框架：DiSC 理論（填寫用）

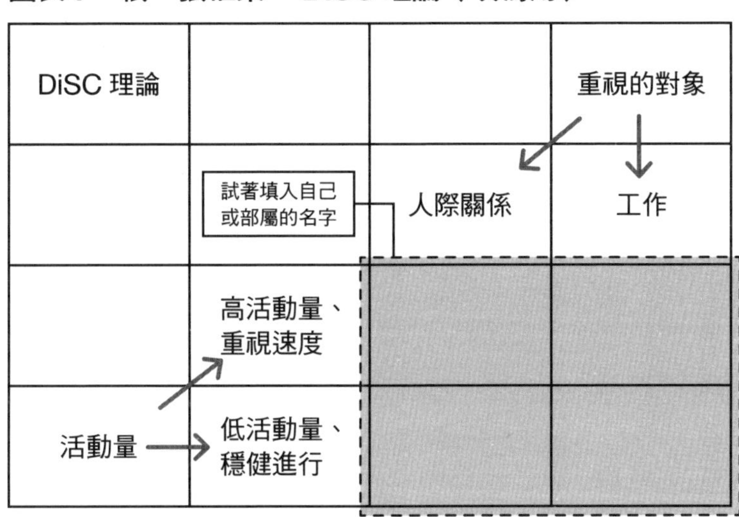

但假如你發現「完全想不起部屬常說的話或口頭禪」，這種情況其實可能意外常見。不過，還是要請你盡可能的填寫完整。在這段過程中，請向自己提問：「我身為主管，曾真正關心過其他人嗎？」並勇於面對自己的現況。

一開始可能會感到有些困難，但這個練習的目的，就是當你填寫完五張圖表之後，就能看出一些成效。

所以，千萬不要還沒有嘗試就自行宣告失敗，請回想部屬平時的習慣，依照自己的想法慢慢填寫。

2. 赫曼全腦優勢

第二個要介紹的是「赫曼全腦優勢」。這個模型以大眾熟悉的「左腦、右腦」作為出發點，自一九九〇年代開始，成為許多企業廣泛應用的分類模式。由於它容易入門，我也想透過這個機會在此介紹。

在赫曼全腦優勢測驗中，除了左右腦之外，還加入了「內外腦」，也就是與外側（大腦新皮質）和內側（大腦邊緣系統）相結合的人格理論。四種類型分別如下：

- 冒險、創造腦：著重創意、願景、概念。
- 感覺、友好腦：著重感覺、人際關係、溝通。
- 穩定、計畫腦：著重可預測性、先例、指導方針。
- 邏輯、理性腦：著重定律、數量、邏輯。

跟介紹DiSC理論時一樣，對各類型的解釋，是我在參考相關文獻後重新整理過的要點。想進一步了解的讀者，可參考其他書籍或活用網路搜尋，以增進相關的工作技能。

不僅限於這項理論，在用網路搜尋資料的過程中，你可能會找到免費或需要收費的測驗，但本書的內容並不需要使用到這類服務。

本書的重點在於讓你能正視每位部屬的存在，並發揮自身的洞察力，就結果來說，你的判斷跟測驗結果是否一致其實沒有太大的關聯性。再說，我們永遠無法肯定這些測驗的正確程度，因此追求這一點沒有任何意義。

本章會在最後再對此詳細說明，總之，在閱讀書中的內容時，不須進行額外的測驗。

將赫曼全腦優勢應用在紙一張框架中，會呈現出下頁圖表8。

在此將再度應用紙一張的力量，重新介紹四種類型。按照與DiSC理論一樣的順序，先從右上方的「冒險、創造腦」開始。

這種類型的人擅長提出自己的創意或概念，並採取積極的行動以實現這

圖表 8　紙一張框架：赫曼全腦優勢

赫曼全腦優勢			大腦
		邊緣系統	新皮質
	右腦	感覺、友好腦	冒險、創造腦
左右腦	左腦	穩定、計畫腦	邏輯、理性腦

些想法。你自己或你的部屬，是否符合這項特質？

接下來是左上方的「感覺、友好腦」類型。這種類型的人相當重視人際關係，與冒險、創造腦相比，他們更注重日常溝通，而非追求實現高效率的工作目標。

然後是左下方的「穩定、計畫腦」類型。這類人不太喜歡強勢的業務推銷方式，更適合從事管理性質的工作。他們會謹慎的計畫和執行工作。你的部屬中，有符合這種特質的人嗎？

最後是右下方的「邏輯、理性

圖表 9　紙一張框架：赫曼全腦優勢（填寫用）

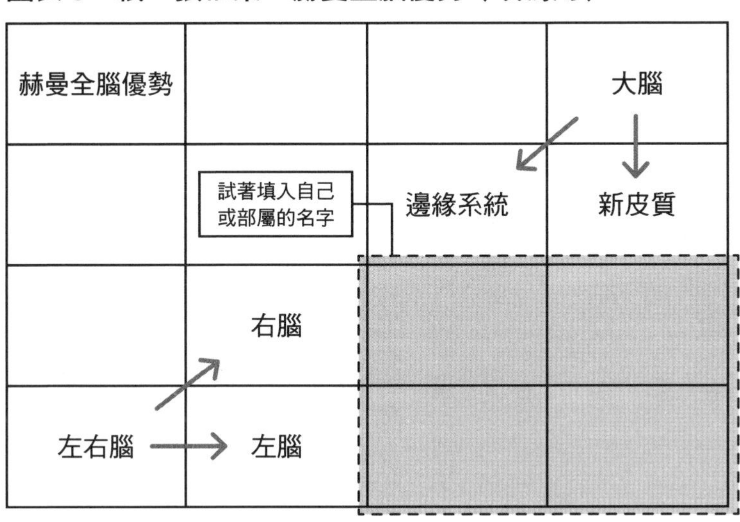

腦」類型。他們重視定律和分析，喜歡從事研究和探索這類需要耐心的工作。

實際動手寫寫看

根據以上說明，或按照自己的興趣進一步查詢後，請將結果填寫在上方的圖表9。做法跟填寫前面 DiSC 理論的表格一樣。

先思考自己屬於哪個類型，並填入對應的位置，接下來根據部屬平常的言行舉止，或以部屬的角度來思考，將他們的名字依序填入框架中。

不過，因為後面後面還有三張圖表要填寫，請不要花太多時間在思考上，每張盡量控制在五分鐘內完成。

3. 社交風格

第三項要介紹的理論是「社交風格」。

跟前面介紹的兩個理論一樣，在商務技能教育的歷史中，已有許多企業廣泛採用。社交風格理論的起源來自一九六〇年代，由美國產業心理學家大衛・梅里爾（David Merrill）和羅傑・雷德（Roger Reid）共同提出，將人們的社交風格分成以下四種類型：

- 驅動型：行動、結果。
- 表達型：社交、關注。
- 親切型：關懷、奉獻。

圖表10　紙一張框架：社交風格

社交風格			情感表達
		表現	壓抑
	自我主張	表達型 社交、關注	驅動型 行動、結果
意見表達	傾聽	親切型 關懷、奉獻	分析型 解析、理性

- 分析型：解析、理性。

這四種類型的基礎，是社交風格理論中的兩個主軸：「情感表達」（壓抑或表現）和「意見表達」（堅持自我主張或傾聽他人的意見）。

綜合上述，讓我們將這些資訊再次整合到紙一張框架中（見上方圖表10）。將看似分散的各種人格理論，用共同的框架表示時，會有什麼樣的發現？希望你能帶著這個疑問，繼續閱讀下去。

接下來，我會透過紙一張框架重新解釋社交風格理論。位於右上方的

「驅動型」，指的是重視結果、習慣採取積極行動的人格類型。你自己或你的部屬中，是否有這種類型的人？

另一方面，左上方的「表達型」格外重視人際關係。這種類型的人比起結果或成就，更關心的是溝通，以及是否能獲得周遭人們的認同。

第三種是左下方的「親切型」。這種類型的關鍵字是「關懷」和「奉獻」，因此適合從事須關心他人，或細心維護的工作。你的部屬中是否有這種類型的人，正負責他們適合的業務？

如果親切型的人被分配到適合驅動型的工作，會導致什麼結果？有關這類在工作分配上的問題，會在第五章中詳細介紹，現在先繼續完成本章節的主題。

最後是右下方的「分析型」。顧名思義，是最適合從事精細分析和踏實思考工作的人格類型。

圖表 11　紙一張框架：社交風格（填寫用）

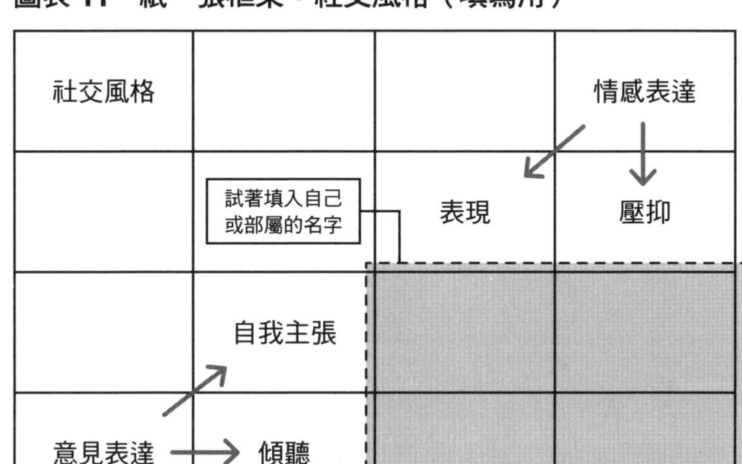

實際動手寫寫看

現在已經填寫到第三張圖表了。請在上方的圖表11中，寫下你和部屬的名字。

希望到這個時候，你已經產生了一些想法。只有親手寫下，才能獲得這樣的機會，而這只須花上幾分鐘。

閱讀商業書的目的，不在於理解後的滿足，而是實踐後的滿足。為了發揮閱讀本書的最大價值，請務必動手寫下屬於自己的版本。

4. 類人猿分類

第四項我選擇了日本發展出的獨特分類法——「類人猿分類」。這個理論是由精神科醫師名越康文所監修，根據大型類人猿的性格特徵開發的人格分類測驗。

我記得這個理論在二〇一五年左右，因為東京電視臺的節目《蓋亞的黎明》特集而獲得廣大迴響。

相較於其他理論大量使用難以理解的名詞，這個理論由於採用了動物的名稱，而顯得更親切。具體分為以下四種類型：

- 黑猩猩：競爭、積極、行動派。
- 倭黑猩猩：協調、樂觀、共感。
- 大猩猩：安心、安全、維持。
- 紅毛猩猩：認同、獨行俠、冷靜沉著。

圖表12　紙一張框架：類人猿分類

類人猿分類			志向
		維持穩定、安全	追求結果、成就
	外顯	倭黑猩猩 協調	黑猩猩 競爭、積極
情感	內斂	大猩猩 穩定、秩序	紅毛猩猩 職人精神

要補充說明的是，雖然動物名稱讓人備感親切，但很多讀者看了可能會想問：「倭黑猩猩是什麼？」我之前也有同樣的疑問，所以在此解釋一下，倭黑猩猩的外表雖然與黑猩猩相似，但與攻擊性較強的黑猩猩相比，倭黑猩猩在性格上溫順許多。你可以透過前面的說明，來了解這些動物代表的性格特徵。

來看看這四種類型的主軸（見上方圖表12）。主軸一是「志向」（追求結果、成就，或維持穩定、安全）；主軸二則是「情感」（外顯或內斂）。

現在，讓我們將這些知識運用到紙一

張框架中。

再度從右上方開始介紹。「黑猩猩」類型的人，在工作中會非常積極，即使面對成敗分明的挑戰，也能從容以對。

屬於左上方「倭黑猩猩」類型的人，則較傾向和平主義，他們偏好合作而非競爭關係，因此不太適合強調成果主義或公開業績排名等，競爭激烈的工作環境。

接下來，左下方的「大猩猩」類型，特別重視穩定和秩序，適合管理部門的業務。你身邊有沒有這種類型的部屬？

最後，「紅毛猩猩」類型的人，帶有濃厚的個人主義，或可說是具備職人精神。他們不擅長團隊合作，對勝負也沒有太大的興趣。假如你的部屬有以上這些特質，他們可能就屬於這個類型。

實際動手寫寫看

現在，請在左頁圖表13中填入你自己和部屬的名字。如果在填寫過程中，

圖表 13　紙一張框架：類人猿分類（填寫用）

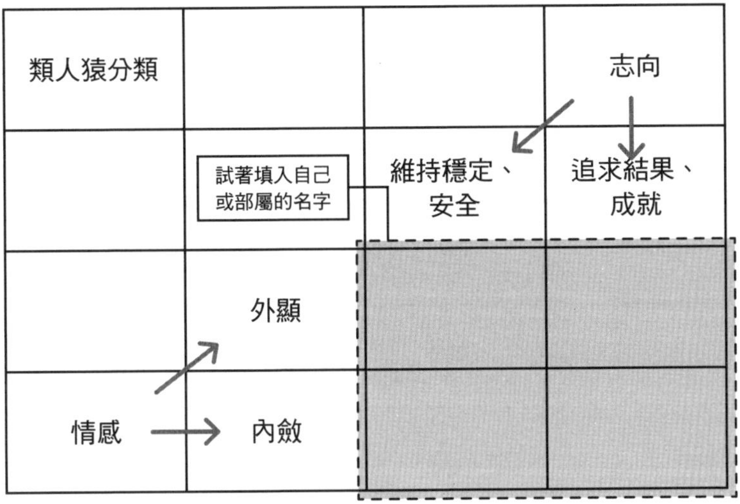

類人猿分類			志向
	試著填入自己或部屬的名字	維持穩定、安全	追求結果、成就
	外顯		
情感	內斂		

想修改先前的三張圖表也可以。雖然還沒有完全轉換成文字，但若你一直都真摯、積極的參與這個過程，那麼應該也逐漸明白這項練習的意義。希望許多讀者都在這段過程中，感到有趣或產生一些想法。

5. 四種氣質

最後要介紹的，是來自教育領域而非商務領域的理論（見下頁圖表14）。

之所以會選擇這個理論，是因為我認為自己不算是培訓

圖表 14　紙一張框架：四種氣質

四種氣質			重視的對象
		自身的感受	意義、目標
	外向	多血質 社交性、樂觀	膽汁質 行動力、野心
意識傾向	內向	黏液質 穩重、冷靜	抑鬱質 思索、孤高

課程或座談會的講師，而是社會人教育領域的教育者。

因此，我會閱讀大部分講師不會看的書，例如最新的教育學相關文獻或經典著作。由於關於社會人教育的資料有限，我也常將學校教育或育兒方面的理念應用於社會人教育。在此，我想介紹一項廣泛應用於世界各地的教育法——華德福教育（Waldorf Education）中的「四種氣質」。

這四種氣質（人格特質）如下：

- 膽汁質：行動力、野心。
- 多血質：社交性、樂觀。

圖表 15　紙一張框架：四種氣質（填寫用）

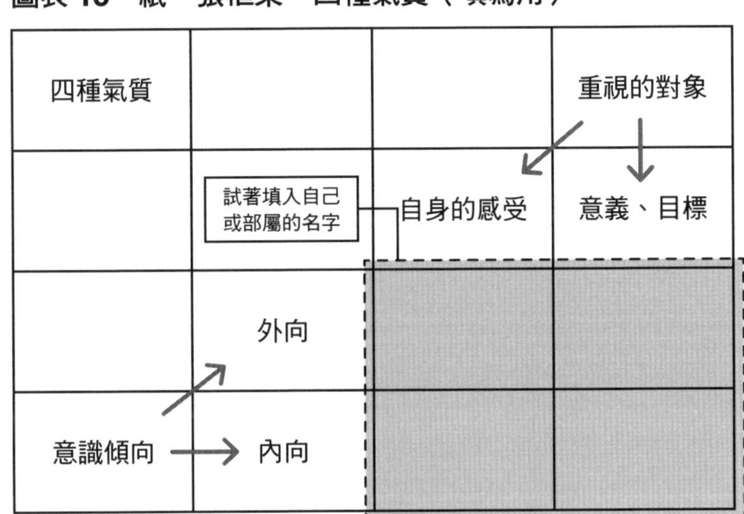

・黏液質：穩重、冷靜。
・抑鬱質：思索、孤高。

多數人看到這些詞彙時，可能會感到有些困惑。確實，這些名詞乍看之下有些難以理解，但請先將焦點放在後面解釋的特質上。你會發現，它們跟前面四項理論中提到的特質非常相近。

實際動手寫寫看

跟前面一樣，你只須在上方圖表15中填寫自己和部屬的名字即可。你會發現這些看似與人格理論毫無關係的名詞，可跟前面的四張圖表一樣充分的整合。

8 五種分類法的實踐心得

以上依序介紹了五項人格理論，並同樣透過紙一張框架實際填寫。

其實，還有很多其他沒有在這裡提及的測驗，有些人可能會在意，自己喜歡的分類理論沒有被提到。不過，請放心，只要是能觸及性格本質的理論，同樣都可像前面介紹到的一樣，利用紙一張框架來分析和整理。

但，當你發現某些理論似乎無法使用這個框架轉換成文字，這或許是重新審視這些理論可信度的好機會。

填寫過圖表的人，應該會有一個共同的發現。如果你還沒有察覺到，還請重新回頭檢視一下填寫完的五張人格理論圖表。

我想用一句話，以最簡單扼要的方式來總結這項重點：**在所有紙一張框架中，同一位部屬的名字都會出現在同一個位置。**

事實上，在這次介紹到的五項人格理論中，有些項目我會故意用不同於原版的方式重新排列。這麼做的原因，是為了將相似的要素盡量放在同一個框格。這樣一來，無論你透過哪種人格理論整理，都會在同樣的位置寫上同一個人的名字，**以逐漸強化對自己或部屬的了解**。

除此之外，這種做法也有助於你更深入理解這些人格理論。透過反覆寫下部屬的名字，你會更了解這四種類型與其中的兩個主軸，使你對抽象的人格研究產生更多的親切感和真實感，希望這段學習經歷能帶給你這樣的閱讀體驗。

如果在多次練習過程中，你曾在腦海中閃過這些想法：「做這麼多種分類法，其實也只是重複一樣的過程而已吧？」、「這些類型，根本全都差不多啊？」、「好像也沒必要一一測驗，彙整成一個就行了。」那正是過去身為人格分析愛好者的我，最終深切體認到的心得。

9 所有人格理論都大同小異

在實踐的過程中，我希望讀者能發現一個重點——**其實所有人格理論都大同小異**。討論哪種分類法優秀或比較差這類問題，從實用角度來看，並不具太大意義。

假如我們的目標，是在日常工作中能洞察部屬的感受與想法，並掌握相關的人際能力，其實不須特別記住大量的分類理論。

因此，我想向各位介紹一種能統合五項人格理論的終極紙一張框架，以作為本章的總結。

實際上，自從我以這張最終版本的紙一張框架為基礎，試著培養洞察力後，我再也不會為了「該用什麼方式來觀察人」而感到煩惱。每天應用這項技巧來與他人交流，也讓我逐漸感受到，近年來識人的眼光似乎有了顯著的提升。

這份能在日常洞察他人時提供協助的終極紙一張框架，可說是我多年對人格研究的集大成。現在，我想將它分享給閱讀、實踐到現在的各位（詳見左頁圖表16）。

這個框架的四種類型，從右上方開始依序是「火」（Fire）、「風」（Air）、「水」（Water）、「土」（Earth）；這四種要素由兩個主軸構成：假如一個人習慣「劃清自我與他人的界線」，喜歡分明的人際關係，那麼他就屬於「乾氣」（Dry）。相反的，如果一個人對「自我與他人的邊界感較模糊」，能接受依附程度較高的人際關係，那麼他就屬於「溼氣」（Wet）。

另一個主軸則是「熱氣」（Hot）和「冷氣」（Cool），這取決於一個人的社交性是外向（能量方向向外）還是內向（能量方向向內）。

總結來說，透過「乾氣×溼氣×熱氣×冷氣」這四種自然環境的「氣」，得出了「火、風、水、土」這四種類型的氣質（性格）。

以上介紹的，就是包含前述五種分類法的終極紙一張人格理論。雖然將其

圖表 16　紙一張框架：鍛鍊洞察力

鍛鍊洞察力的紙一張框架			自我與他人的邊界感
		溼氣	乾氣
	熱氣	風、空氣 Air	火、熱 Fire
社交性 →	冷氣	水、冰 Water	土、大地 Earth

納入紙一張框架是來自個人的構想，但這四種要素和兩個主軸的概念，其實早已存在。這種分類法可以追溯到古希臘時代，由亞里斯多德等哲學家提出的「火、風、水、土」及「熱、冷、溼、乾」等四元論，並跨越兩千多年的歷史流傳至今，可以說是最古老的分類理論。

此外，這也與身為禪僧兼芥川獎作家的玄侑宗久，其著作中的觀點相符，即「自我乃自然的化身」。若我們將自己視作自然的一部分，那麼由熱、冷、溼、乾這些構成自然環境的「氣」，來決定自己的氣質（性格），是很自然且容易接受的觀點。至少我是這麼認為的。因此，我決定以這個紙一張框架，為人格理論的研究拉下帷幕。

- 火、熱（Fire）＝熱×乾（Hot×Dry）：行動、結果、主導性。
- 風、空氣（Air）＝熱×溼（Hot×Wet）：感化、樂觀、社交性。
- 水、冰（Water）＝冷×溼（Cool×Wet）：安定、關懷、奉獻。
- 土、大地（Earth）＝冷×乾（Cool×Dry）：慎重、冷靜、分析。

有關這些類型的描述，我特意參考了第一個介紹的「DiSC理論」中的關鍵字。無論是用在這裡，或和其他分類法互換，應該都不會感到不協調。建議各位也可以選用不同的關鍵字比對，相信會更認同這樣的說法。

10 鍛鍊識人的眼光

本章介紹了五項人格理論，並提取其共通點，整合成「火、風、水、土」這四個類型。我會選擇這些詞彙，是因為它們歷史悠久且具有普遍性，無論未來遇到任何新的人格分類理論，都能用這些關鍵字來統整、歸納。

自從我整理出這個紙一張框架後，就不再被標榜「最新」、「史上首次」等宣傳噱頭迷惑。真正有效的理論，應該都能納入這個紙一張框架中，因此不須重新學習，只要當作參考就夠了。如果無法適用，那麼理論的可信度就會產生爭議，也就不須特別學習。

總之，只要徹底掌握這個紙一張框架，你就不再需要其他理論。**這個框架足以成為你洞察他人的基礎。之後就只須持續實踐，以鍛鍊出識人的眼光。**

前面已經進行過五次應用紙一張的練習，但請不要就此止步。最終的目標是讓這份框架深植於你的腦海中，無論何時都能自然運用，以洞察部屬的感受及想法。

例如，某位部屬會因明確的目標而充滿動力，他可能屬於火類型；假如他擅長與團隊成員積極溝通，建立良好關係，應該是屬於風類型；要是他不太擅長推動專案，而更適合日常管理或例行檢查等業務，則可視為水類型；如果他明顯喜歡單打獨鬥，遠勝過團隊合作，習慣以自己的步調做出成果，那麼他或許是土類型。

根據這些觀察結果，你在分配工作時會更容易。舉例來說，避免把較緊急的工作交辦給土類型的部屬，而是盡量安排分析類型的業務給他們。**在這段過程中，你會發現分配工作的基本方向與重點**。

透過不斷實踐，就能有效鍛鍊識人的眼光。接下來，你會發現自己聽到越來越多這樣的聲音：「你怎麼知道我在想什麼？」、「這正是我現在的煩惱。」、「謝謝你一直以來都考量到我的能力，分配適合的工作給我。」當你能洞察部屬的感受和想法時，身邊也將頻繁出現這些感謝的話語。

11 領導沒有正確解答

在結束本章前，我想再次強調幾個重點。

雖然前面的內容已提過，但**請千萬不要陷入「有正確解答」的思維**。這個紙一張框架，只是洞察部屬的跳板。不須在意最後的分類結果是否正確。

當部屬開始對你說出前面提到的感謝之詞，可能會讓你產生「我已經完全了解我的部屬了」的成就感。然而，這是不可能的。無論你多努力，總是有能理解和無法理解的部分。「火、風、水、土」這幾項指標，只是相對易懂的觀察指標，而不是絕對的標準。

如果缺乏這樣的認知，很可能就會產生「我已經完全了解你」的傲慢心態，進而蒙蔽你識人的眼光。

由於這一點十分重要，我要再三強調。請極力避免將焦點放在洞察結果的正確與否，重點在於過程。「這位部屬現在有什麼樣的想法和感受？」對對方懷抱興趣，並盡力去理解和共感。

「他屬於『火、風、水、土』的哪一種？」這樣的思考過程，才是關鍵。在這段期間，你會對部屬的言行舉止產生前所未有的興趣，這就已經達成了目標。到了這個階段，部屬就會比較願意聆聽你說的話。只要能建立這樣的互信關係，大部分的溝通問題將迎刃而解。

因此，我在本章中才提到，不須記住每種類型的關鍵字，也不必實際進行線上分析測驗，來印證你觀察到的結果。

這一章最希望你能領會到，讓部屬感受到你努力試圖理解他們，並因此贏得他們的信任。請在日常工作中運用紙一張框架，達成更好的管理效果。

這次的閱讀和學習體驗如果能對你提供任何幫助，我會感到非常欣慰。

將第三章的資訊，精簡成三大要點

- 洞察力可以靠後天培養。
- 掌握四種性格分類，有助於洞察部屬的感受與想法。
- 重點在於洞察的過程，而不是結果。

請試著將學到的內容寫下來：

第四章

透過 2W1H，建構對話

1 你的部屬屬於哪一類？

在前一章，已介紹過利用紙一張框架，協助主管洞察部屬的感受與想法。其中包括我在進行過多種人格研究後，結合具有兩千多年歷史的理論，統整成簡單易懂的分類法。

透過實際填寫部屬名字，體驗這個過程，各位應該已對相關方法有更深入的理解。

希望透過運用紙一張框架，能讓更多人藉此提升識人的眼光。

接下來，本章的主題在於觀察部屬，與他建立信任關係後，進一步創造高效率的組織溝通。

讓我們再次回顧，序章中提到主管煩惱的第二點。

與部屬建立人際關係和對話的煩惱

- 部屬的背景多元，主管難以掌握他們的感受和想法。
- 年長的部屬增加，主管難以應對。
- 部屬多為轉職者，主管難以共享組織文化與價值觀。
- 部屬理解力低落、容易誤解，主管須花更多時間說明。
- 即使請部屬表達想法，仍然難以掌握重點，主管聽不懂到底發生什麼狀況。

無論是新進人員，或年齡差距較大的年長部屬，我們首先要做的，就是從四種人格類型中找到與他們最接近的一種。這是紙一張管理術的基本步驟。

當你能判斷部屬是屬於「火、風、水、土」中的哪一類型後，就只須依照類型有效的溝通即可。

一般來說，接下來應該會針對上一章介紹的四種類型，詳細解說相對應的溝通策略。

不過，本書不會採用這樣的方式。主要原因有三點：首先，如同上一章提到，細節繁瑣的語句其實很難記住，須活用時也有些不切實際。其次，也像上一章在最後強調的，**洞察的過程本身比結果更重要**，因此這章同樣不會聚焦在人格分類測驗的結果上。

最後，也是最重要的一點，**即使根據不同類型調整溝通方式，也未必能保證工作順利進行**。

舉例來說，火類型的部屬通常將理想和願景視作工作動力，有偏重未來、輕忽過去的傾向，認為「如果能離期望的未來更加接近，我就想試試看」，習慣推動事態發展。

但身為主管的你，如果只是附和他們：「好，放手去做吧！」這樣真的好嗎？有時候，部屬可能也得踩煞車，像風類型一樣，須與團隊成員互助合作，或像土類型一樣，適時停下腳步，評估接下來該怎麼走。

如果採取「這種類型就這樣相處」的單向模式，你可能會成為一位只知道配合部屬的主管。

在下一章中，我會更詳細討論到，身為一名主管，其中一個重要的條件是：不能被部屬輕視。如果你在溝通的過程中，誤將「信任關係」與「隨心所欲」混為一談，那麼原本能幫助你的性格分類理論，可能會變成殘害雙方的工具。

2 從「紙一張」中獲得啟示

如同前述，雖然已經得知有四種人格類型，但要針對每個類型採取不同的溝通方式，實際上並不可行。

首先，我們應該從「除了自己以外，還有三種不同類型的人」這個出發點來思考，試想：「當四種類型的人聚集在一起時，要如何找到能讓彼此順利溝通的共通語言？」

換句話說，本書的主旨不在面對哪種類型時，採取哪種個別應對方式，而是探討是否存在一種**適用於所有類型的溝通方式**，讓溝通變得更簡單且容易實踐。

這種能同時與四種類型順暢溝通的共通語言，真的存在嗎？讀者或許會產生這樣的疑問，但答案是肯定的。

在上一章，我們探討的是「二×二＝四種類型」，而這一章的關鍵字則少了一，變成了「三」。

實際上，也有許多將人的性格區分成三種類型的理論，但這一章不會再介紹其他分類方式。相信你在前一章已經充分明白，「如果理論能觸及本質，那它們其實都大同小異」的道理。

因此，這一章我會重點介紹**自己在豐田工作時發現的共通語言，並結合一些實際經驗來說明**。

正如第二章提到，豐田有所謂「紙一張」的文化，包括我在內的員工，每天都會將資料整理在一張紙上。雖然用於培訓的紙一張框架有明確的製作步驟和模板，但在日常工作中，我們只能透過模仿過去的資料來製作，並在主管的紅筆修改下反覆試錯，最終才完成整份資料。

我有幸遇到許多願意悉心指導的優秀主管和前輩，所以大約在一年內，就掌握了這項技能。以序章中卡茲模型提到的技術能力來說，缺乏理想環境的人，隨著年資不斷增加，卻無法同步提升技能，這往往使他們在工作時格外艱辛。

之後，隨著自己開始有指導後輩的機會，我也逐漸意識到，這些技能應該要以某種可複製的形式轉換成文字或語句，才能更精確的傳授給其他人。

豐田將這種思維模式和行動原則稱作「標準化」，然而，有關製作資料和溝通的領域，仍有許多部分處於不明確的狀態。因此，我開始自主研究，尋找工作中紙一張資料的共同點。

其中一個研究成果，就是前面提到的框架和主題，但事實上，有關主題的部分，我還發現了一些更重要的本質。

3 只須解答「2W1H」

現狀、課題、對策、原因分析、背景、未來計畫、進度表、發包方式、預算規模……雖然各資料的項目名稱看起來有很大的差異，但我在深入思考如何分類後，發現分為以下三類的方法最實際且有效：

- What：現狀、概要、課題、問題點、討論內容、詳細資訊等。
- Why：理由、原因分析、資料背景、來龍去脈、初衷等。
- How：實施計畫、未來對策、進度表、展望、預測等。

簡單來說，**人們通常會產生「What」、「Why」、「How」這三種疑問，當它們被解答時，會出現一種「我懂了」的認同感。**

因此，**所有的紙一張資料，在簡化後其實都是由這三個類別構成**。無論是為了什麼目的而製作什麼資料，都不必設定太多項目或主題，只須遵循這個模式即可完成。

當我實際使用 What、Why、How 這三個主軸建構出的資料，進行報告、聯絡、商談時，也經常被他人讚賞：「你的說明總是很清楚易懂。」相關的內容我已在二〇一七年出版的拙作《讓人說「你的說明真容易懂！」的訣竅》（按：目前無繁體中文版）中詳細介紹，但在這本書中，我特別想強調的是，這種整理和表達方式，也適用於上一章介紹到的「火、風、水、土」中，任何一種類型的人。

這正是跨越不同類型、達到相互理解的共通語言的重要本質，也是有效解答 What、Why、How 三種疑問的溝通方式。

於是，我將這些核心概念加到框架中，並徹底提升其重現性，整理成下頁的紙一張框架（見下頁圖表17）。最上方 What、Why、How 的順序，可根據主題調整。

圖表 17　紙一張框架：建立與部屬的共通語言

・日期： ・主題：	What ？	Why ？	How ？
	○○○	○○○	○○○
	○○○	○○○	○○○
	○○○	○○○	○○○

接下來，我將解釋如何使用這個紙一張框架，來增進與部屬的溝通、交流。

不過，請務必記得，不要直接對他們說：「從現在起，我們都要用這個框架來進行報告、聯絡跟商談。」前面已經數度強調過，同時也是我們在第一章中建立的共識，首先要自己深入理解這個框架，並且以身作則。

在我過去的著作中，也曾多次介紹紙一張框架。

可惜的是，由於許多人沒有遵照先自我實踐的順序，導致無法將這個方法應用在工作上。

由於這是一本為主管而寫的書籍，因此我特別仔細說明框架的應用方式，以避免同樣的情況再度發生，也希望能讓各位實際體驗到，應用紙一張框架管理部屬時發揮的效果。

4 主管親自動手填寫

現在就讓我來介紹，活用第一六四頁圖表17的方法。

首先要解決的是序章中提到的主管煩惱，例如部屬的背景多元，難以掌握他們的感受和想法，或即使請部屬表達想法，仍難以掌握重點，聽不懂到底發生什麼狀況等。

當部屬在表達意見時，如果你不太明白他想表達什麼，就能立刻使用這個紙一張框架。無論是手寫在紙上、畫在白板上，或利用 Zoom、Teams 等線上會議軟體，來共享電子檔的畫面都可以。

準備好框架後，先提出以下三個問題，**並由你自己來填寫，實際示範給部屬看**。至於為什麼不讓部屬自己寫，這在前幾章已詳細說明。

- What：想討論什麼問題？
- Why：為什麼這個問題無法解決？
- How：怎麼做才能突破現狀？

將這些問題都填寫在紙一張框架（見下頁圖表18）上，展示給部屬看，並重新溝通，對他說：「我們先來整理一下，能不能再說一次你想討論的問題？」這個做法看似簡單，卻能幫助你具體掌握部屬想表達的內容。

為什麼這種溝通方式能發揮效果？因為這個紙一張框架，會成為你和部屬之間的共通語言。具體來說，有助於釐清「須克服什麼，才能讓主管和部屬雙方達成溝通目標」，使雙方能站在同一陣線（同一個框架中討論），避免產生誤會。假如你還是有些摸不著頭緒，可以跟只憑口頭溝通或缺乏統一定義等狀況相比，就會發現這種方法明顯更簡單、實用且高效率。

請你（主管）將紙一張框架作為共通語言，運用於日常溝通中，持續展現給部屬看。

圖表 18　紙一張框架：協助部屬將想法化作言語

・11／11 ・將〇〇部屬提出的內容轉換成文字	想討論什麼問題？（What ？）	為什麼問題無法解決？（Why ？）	怎麼做才能突破現狀？（How ？）
	〇〇〇	〇〇〇	〇〇〇
	〇〇〇	〇〇〇	〇〇〇
	〇〇〇	〇〇〇	〇〇〇

接下來的流程，就跟第二章提到目標責任化的過程相似。隨著這種溝通方式的進行，部屬會逐漸表現出「我也想更深入了解和學習這個框架」的意願。當部屬達到這個階段，就已經解決了八成的問題。

這時，你可再次與團隊成員分享紙一張框架，並大略解說本書內容。最後，你可主動表達：「至少在我們的團隊中，只要能解答 What、Why、How 這三個問題，就等於資訊已經確實傳達、大家都充分理解了。」、「我也是個普通人，不可能每次都完全掌握所有訊息。」、「如果你們發現我在任何問題或回答上有不夠清楚的地方，真的不用客氣，可以直接跟我說。」接下來，只須堅持運用這個框架，直到它成為全團隊的共通語言即可。

5 那些老是抓不到重點的部屬

藉由上一篇內文提到的方法，你還能一併解決其他的煩惱。

例如，「**即使讓部屬表達想法，仍無從掌握重點，聽不懂到底發生什麼狀況**」等困擾。在此我舉個例子：某天，有位部屬負責會議紀錄，你卻無法從中掌握會議的重點，以及後續的行動計畫。

在閱讀本書之前的你，面對類似的狀況，是否曾指導過部屬該如何正確整理報告？或是否曾試圖了解部屬打算怎麼樣寫報告？

如果部屬與你的人格類型相同，那即使你只是大致交代，他也能順利完成工作，而且多半不會出太大的紕漏。

然而，當你和對方屬於不同的類型，情況就沒有那麼簡單了。

假設你是火類型，習慣立即採取行動；但部屬是土類型，跟觀察「How」

（該怎麼做）的目標資訊相比，更傾向於記錄「Why」（為什麼要開這個會）之類的背景資訊。

由於火類型的人會想快速進入下一個階段，但你在會議紀錄上，只看到部屬著重統整歷程和背景的相關資料，很可能會讓你感到不耐煩。

但這種時候，假如你直接告訴對方「我屬於直接採取行動的類型，你不用寫這麼多背景資料」，這對還不了解本書內容的部屬來說，未免有些太過嚴苛了。

6 優先釐清必要項目

再次重申，本書不會依照不同類型，採用不一樣的溝通方式。確實，火類型容易忽視過往的經驗，但只聽取「How」這類未來導向的資訊，然後批准，這樣真的好嗎？

假如後續在執行階段發生問題，你還是得向部屬詢問事情經過或當時的狀況。與其因此陷入「為什麼在一開始沒有說清楚」的窘境，倒不如一開始多關心一點「How」以外的資訊。

工作上的溝通，並非只講讓自己或對方聽起來順耳、找不出任何破綻的好聽話。正因如此，雖然透過洞察力辨析出四種類型，以加深對他人的理解和共感確實有其意義，但若是一味認為「這種類型的人，就應該用這個方式溝通」，我覺得也是滿有爭議的想法。

圖表 19　紙一張框架：撰寫會議紀錄

・11／11 ・會議紀錄	開會的目的是什麼？（Why？）	決定了哪些項目？（What？）	今後將採取的策略？（How？）
	分享減少加班的資訊	強制下班政策	下週開始晚上8點準時熄燈
	討論減少加班的方案	制定準點下班日	試行週三準點下班
	制定具體實施方案	檢討部分業務是否應改動或廢除	列出各項業務所需時間清單

正因為想尊重四種不同性格的多元性，才更需要與「火、風、水、土」所有類型的部屬，**事先釐清工作中的必要項目**。

以剛才提到的會議紀錄為例，最後只須完成像上方圖表19的紙一張框架即可。

剛開始，身為主管的你可以在詢問部屬的過程中，填寫各框格的答案，再逐步協助部屬自行填寫。如果能達成這個目標，你和部屬之間的溝通效率將大幅提升。

舉例來說，主題改成新企劃提案時，也同樣能以紙一張框架（見

圖表 20　紙一張框架：新企劃提案

・11／11 ・海外市場導向的網站改版企劃	為什麼需要這個企劃？（Why ？）	網站改版的重點是？（What ？）	該如何實現？（How ？）
	目前網站的營運方式欠缺計畫性	確立網站營運目標	網站改版期限設定為明年 3 月底
	英文版網站的定位不夠明確	篩選達成目標所需的內容	開放三家公司競標以決定發包業者
	公司從下一季開始加強拓展海外市場	視需求製作和增加新內容	將預算設定成兩種方案

上方圖表20）來應對。

例如，部屬帶著新企劃來提案，但你聽不太明白時，就可以積極提出：「這是什麼樣的企劃？」、「為什麼想這樣做？」、「要怎麼實現？」等問題，來釐清必要的工作項目。

視不同需求，也可改變問題的順序，或適度調整措辭。

再介紹一個使用電子郵件的範例（見左頁圖表21）。

即使主要透過線上溝通，共通語言仍能發揮良好的效果。

完成像前面的紙一張框架

圖表 21　紙一張的應用範例：電子郵件報告

件名：【報告】關於 BCP 說明會

○○課長，
您好，我是○○。

我在今天上午參加了 BCP 的說明會，
以下整理了相關概要，請您過目。

1. 什麼是 BCP ？ ← What?
   - BCP 是「營運持續計畫」（Business Continuity Plan）的縮寫。
   - 在發生緊急情況時，嘗試將損害降到最低，以持續營運和快速復原的計畫。
   - 雖然不少大企業多已制定此計畫，但許多中小企業仍未完善。

2. 為什麼 BCP 很重要？ ← Why?
   - 現今，可能會遇到新冠疫情及地震等狀況。
   - 緊急狀況發生後再考慮應變措施，將為時已晚。
   - 現已逐漸成為客戶、股東及合作夥伴給予評價的標準。

3. 今後，我們公司應如何制定 BCP ？ ← How?
   - 公司對於 BCP 完全沒有相關經驗
     ⇒ 向協助制定 BCP 企劃的企業諮詢。
   - 詢問其他同規模企業的經驗
     ⇒ 預計訪問 A 公司、B 公司和 C 公司。
   - 於 5 月的經營會議中，提出相關議題
     ⇒ 在此之前，部門內部須制定好初步方案。

基於上述內容，希望您能安排一些時間討論今後的策略方針。
再麻煩您了，非常感謝。

○○　○○（○○　○○）<○○ @kamiichi.ne.jp >

○○股份有限公司　第 1 業務部
〒 123-4567　○○縣○○市○○町○ー○　○○大樓○樓
（TEL）012-345-6789　（FAX）012-345-9876
（WEB）https://kamiichi.ne.jp

後，可進一步撰寫像上頁圖表21的電子郵件。假如你已夠熟悉框架作業的結構，也可直接編寫信件內容。

因應新冠疫情和遠距工作模式，製作資料的機會似乎已經減少許多，甚至是完全沒有。在這種情況下，可以透過電子郵件來推動What、Why、How的框架。

當你的部屬也能以同樣的結構回覆郵件時，即使沒有面對面溝通，這樣的共通語言也能充分發揮效用。

7 共享組織文化與價值觀

最後，針對部屬多為轉職者，難以共享組織文化與價值觀這項煩惱，也可採用類似的方法來解決。

具體來說，與其讓部屬自己填寫，不如由身為主管的你，主動和部屬一起以下頁圖表22為基礎來討論和填寫，將抽象概念轉換成文字，這樣的做法會更實際。

在使用紙一張框架時，首先可以問部屬：「你來到我們部門已經有一段時間了，對於這邊的工作方式，有沒有什麼讓你覺得困惑的地方？」

接下來，**將部屬回答「What」的答案填入框格內，正中間的「Why」，則由你來解釋及填寫**。

最後，告訴這位部屬：「這樣你應該比較能了解工作上的目標、背景和意

圖表 22　紙一張框架：共享組織文化與價值觀

・11／11 ・將組織文化轉換成文字	公司有哪些獨特的文化？（What ？）	為什麼會產生這些文化？（Why ？）	該如何實際應用在工作上？（How ？）
	○○○	○○○	○○○
	○○○	○○○	○○○
	○○○	○○○	○○○

義了，現在讓我們來討論看看，如何將這些落實在你平常的工作上。」並一起填寫完右邊的「How」。

再次強調，共同透過紙一張框架溝通，做法看似簡單，卻也是這個方法最重要的本質。

如果忽視了這一點，火類型的人可能會過度關注「How」；土類型的人則過分執著於「Why」，甚至忘記「How」；風類型的人喜歡閒聊，可能無法在有限的時間內解決這三個問題。不過水類型的人可能相對穩重，也樂意參考這個方法來溝通。

總之，這個紙一張框架能像地

圖、指南針一樣，發揮共通語言的作用，使四種不同類型的人聚集在一起時，也能進行高效率的組織溝通。

8 用框架溝通

這樣各位應該已經了解到上一章和本章的關聯性了。洞察部屬屬於哪種人格類型固然重要，但沒有絕對的正確答案，所以我們需要導入What、Why、How這三個問題當作共通語言，讓對方在溝通中產生「理解」的感受。

這麼一來，才能在尊重多元性的同時，以一貫的方式實現高效率的人際溝通。

最後，我想分享一個有助於強化前一章認知的觀點，來當作本章的結尾。

所謂What、Why、How等共通語言，以學校生活來比喻，就像是制服一樣。正因每個人都穿著相同的制服，個人的差異和特質才更顯而易見。

本章介紹的共通語言也是同樣的道理，**當所有成員都透過框架來溝通時，就會逐漸凸顯出各成員的個性（人格特質）**。

例如，像前面數度提到，火類型傾向於聚焦在有關「How」的要素。因此，即使要求組織內所有人都兼顧 What、Why、How 這三個問題來溝通，但他們仍可能過度關注 How 的要素，或忽視和「Why」相關的問題。從這樣的行為中，就可以更清晰的洞察到「這個人果然是屬於火類型」。

再以水類型為例，這類型的人講求穩定，容易選擇使用框架來溝通；而風類型的人，則可能優先考慮自己在溝通上的舒適度，最後不一定會遵照框架來行事。從實踐培養出洞察力，才能有效發掘部屬的這些特質。

接下來，你只須在工作上反覆應用上一章與這一章的內容——四種人格分類和解答三個問題的溝通模式。期盼這兩種工具，能幫助你與部屬建立良好的關係。

將第四章的資訊，精簡成三大要點

- 有效溝通的關鍵，在於解答 What、Why、How。
- 比起分門別類的溝通方式，統一的共通語言更能發揮實質效益。
- 主管先自我實踐，帶頭示範，會比讓部屬直接動手更有效。

請試著將學到的內容寫下來：

第五章

用一張表格
看出人才

1 讓部屬願意追隨你

終於來到了本書的最後一章，接下來的主題是「培育人才」。讓我們先來回顧一下，序章提到的主管煩惱。

培育人才的煩惱

- 盡心指導，但部屬仍然做不好、不去做、無法堅持下去。
- 沒有充足的時間慢慢栽培和指導部屬。
- 即使交辦任務，最後仍須由主管收尾，為此花許多時間。
- 遠距工作增加，主管難以觀察部屬的工作狀況。
- 期望部屬做好而責備對方，卻被指控為職場霸凌，或部屬直接辭職。

在培育人才時，仍須以第一章提到的三項前提與心態作為出發點。這也是各章節會提及前面內容的主要原因。

簡單溫習一下——部屬不會輕易改變。大多數人會帶著追隨者的心態面對工作，因為他們的意志容易受到環境影響，而難以堅持下去。因此，不能假設部屬會自發性的成長。

在前面的章節中，一再強調首先要從自己開始改變、持續展現當責意識、為受到你的影響而開始改變的部屬提供支援，這種慢工出細活的漸進方式非常重要。

在培育人才時，同樣適用這樣的心態。

首先，主管要充分展現自己的成長過程，這是培育人才的重要關鍵。身為主管，你須為部屬打造出良好的工作環境，**讓他們看到你的成長，並且願意追隨你，而非滿足於現狀**。

這是第一步，也是最關鍵的一步。

2 你的態度，部屬感受得到

二〇一八年，我曾出版過一本名為《成功語錄超實踐！松下幸之助的職場心法》的商業書，其中引用了松下幸之助在《經營之神的初心3：松下幸之助的職人精神》中提到的一段話：「各位會如何安排每週兩天的休假？是否能做到一天教養、一天休養？」

我相信，對於願意閱讀到這裡的讀者來說，這樣的建議可能有些班門弄斧。但，如果你希望部屬能獲得成長的機會，首先就須帶著「一天教養、一天休養」的心態，來實踐終身學習和培養新技能。

在這段過程中，有一件事情希望你能好好面對，那就是**你向部屬展現出多少勤於學習的姿態？**

並不是要你過度表現自我，但如果只依照松下幸之助建議，至少利用一天的假日來學習，部屬可能無法感受到你勤於學習的風範。

例如，你的辦公桌上是否有擺放一些與工作相關的書籍？如果你認為「我們公司已經採用自由座位制，這樣的做法未免太過時」，那你也可以趁這個機會，考慮用其他方式來展現自己學習、成長的姿態。

比方說，當你學到一些新的資料製作方式或會議技巧時，會不會在日常工作上實際應用這些方法？

你是否沒有特別展現出自己勤於學習的風範，反而讓部屬看到不少學了卻沒有實際應用的例子？我刻意提出這樣的反問，希望能為你帶來啟發。

止步於自我滿足，對一位主管來說遠遠不夠。學習要展現出學以致用的姿態，讓部屬也清楚看見你的成長。主管如果不具備這種觀念，部屬會無法感受到適合成長的環境氛圍。

我想再次強調，身為主管的你，對部屬來說具有強大的影響力。因此，請務必在不給人壓迫感的前提下，積極向部屬展現你學習的樣貌。

只不過，閱讀到這裡，如果你的內心仍然有些牴觸，我也想在此仔細解釋有關上一章提到的一些話題。

有一個重點是，如果缺乏這樣的心態，部屬很容易對你產生輕視的心理。部屬容易對看似言行不一的主管，抱持嚴苛的態度。如果在信任關係尚未穩固的情況下，貿然實踐本書的內容，可能會讓自己成為部屬眼中只會迎合他人的主管。為了避免這種情況發生，才須積極展現學習和成長的姿態。

此外，假如你仍然對「具體來說，究竟該如何學習和成長」等問題感到疑惑，序章中提到的《二十個字的精準文案》和《「紙一張」閱讀筆記法》可提供相關的解答。如果你想重新了解學習方式、如何掌握新知，這兩本書是不錯的參考資料。

即使不倚賴書籍，也有一些可立即實踐的方法。例如實行本書各章的內容，並讓部屬看到你從中獲益的模樣，以充分奠定人才培育的基礎，也就是本章的核心主題。

3 別親力親為

接下來，讓部屬看見你展現應有的工作樣貌，也就是已建立一定程度的信任關係後，我再度以紙一張框架（見左頁圖表23）為基礎，詳細說明與人才培育相關的內容。

這是一份以「意願×能力」為兩大主軸的紙一張框架，也是類似書籍中常見的「意願能力矩陣」。但由於每本書的表達方式不同，我會依照本書主旨，以自己的方式來解釋。

請你先看右上方的「主動且能力充足」的部屬。你可以發現，框格中簡單的寫著「授權」這兩個字。

根據前面提過的二：六：二法則，這些人屬於前面兩成的團隊成員，他們幾乎不需要主管主動提供支援，因為這些部屬具有足夠的自律性，能自我

圖表 23　紙一張框架：意願能力矩陣

意願能力矩陣			能力 Skill
		不足	充足
	主動	支援（指導）	授權
意願 Will	被動	指示	支援（輔助）

提升並同時推進工作，所以基本上可以將工作全權交給他們處理。這就是對這類型部屬的人才培育方針。

說到這裡，或許你也會發現，主管的其中一個常見煩惱，就是沒有時間慢慢指導和栽培部屬。為了解決這個問題，首先要具備的是規畫能力和安排工作優先順序的能力等技術能力。正如序章提到，本書已假設你在擔任主管之前，就已經具備了這些基本技能。

如果仍覺得時間不夠用，我認為其**根本原因在於你什麼事都想親力親為**。因此，前面提到主管也要持續成長，不只是提升自己的業務執行或事務處理能力，**授權力、委託力、交辦力，也是主管必須具備的重要能力**。

4 授權的藝術

那麼，**該怎麼將工作順利授權、委託、交辦出去？**關鍵依然在於將抽象的內容轉換成文字。具體來說，可透過填寫如第一九五頁圖表24的紙一張框架後，與部屬實際討論。

在框架的第一列，分別有以下這些詞彙：

- **舒適區**：能輕鬆完成的工作。
- **成長區**：需要一些努力，但還可以勝任的工作。
- **恐慌區**：不知該怎麼做，遭遇瓶頸的工作。

首先，你可依照自己的主觀想法，選擇一位想交辦工作的部屬，然後思考各項業務對他們來說，屬於三個區域中的哪一個。盡可能站在部屬的角度想像、理解，然後結合在第三章中洞察「火、風、水、土」等類型的紙一張框架，在各框格中填入工作內容。

舉例來說，你認為「這項任務需要穩定執行工作的能力，對於火或風類型的部屬A來說，可能屬於恐慌區」，這樣的工作或許就不適合交給A來負責。

又或者，你覺得「部屬B屬於水類型，這項工作對他來說應該在舒適區的範圍。但如果一直讓他做這種工作，感覺會缺乏成長的機會」，這類的判斷標準雖然算不上是絕對，但也可當作有效的參考指標。

「栽培部屬」就像一句魔法咒語，但並不是所有工作都適用於這句話。就像眼睛絕對無法代替耳朵，而耳朵也永遠無法取代嘴巴一樣，每個人都有適合和不適合的工作，重點在於如何發揮他們的所長，同時將其他工作交辦給更適合的人。

也為了減少「總之先試試再說」這種太過隨性的工作分配方式，請充分運用洞察力來辨別「火、風、水、土」類型，並藉由紙一張框架為部屬找出

圖表 24　紙一張框架：為部屬找出合適的工作

・11／11 ・希望〇〇負責的工作	舒適區	成長區 （學習區）	恐慌區
	〇〇〇	〇〇〇	~~〇〇〇~~
	〇〇〇	〇〇〇	~~〇〇〇~~
	〇〇〇	〇〇〇	~~〇〇〇~~

合適的工作。

一旦完成了這個紙一張框架，就可以帶著它跟部屬討論。

但請記得，這只是你主觀想法的初步整理，而不是最終的結論。

「我希望你能盡量處理好舒適區和成長區的工作，但這只是我個人的想法而已。如果你覺得某些工作屬於恐慌區，或某些工作其實屬於舒適區，認為自己能勝任，還請隨時告訴我。」採取這樣的態度，促進開放的對話後，你就可以透過紙一張框架，進一步了解工作可以交辦到什麼程度，或部屬能嘗試挑戰的領域，找出雙方都能認同的結論。

「成長區」也被稱作「學習區」。讓部屬處理這個區域的工作，能促進他們的學習和成長，進而達到培育人才的目標。

只不過，單靠主管一個人來判斷哪些工作屬於成長區，並不是件容易的事。因此，紙一張的溝通，更顯得格外重要。

切記，請避免在沒有考慮部屬意願和感受的情況下，就單方面表示：「這個工作會讓你有很大的進步，交給你了！」

5 總是替部屬收爛攤？

接下來，我們來解決另一個帶人問題：確實把工作交辦給部屬了，但最終還是得自己接手，反而浪費更多時間。

追根究柢，會出現這個煩惱的原因在於主管追求親力親為。但背後的原因，也可歸納為：**沒有考慮到期限或時間緊迫性，就將工作交辦給部屬**。請參考下頁圖表25的紙一張框架。

這個框架的兩個主軸，**分別是工作的緊急程度，以及部屬對工作的熟練程度**。

問題在於，當我們考慮培育人才時，**身為主管的你，應該交辦哪些工作給部屬？**

首先，很明顯的是，左下方的「較緊急×部屬熟練度不足」的工作，絕

圖表 25　紙一張框架：判斷工作分配是否合理

工作分配判斷矩陣			部屬工作熟練程度
		不足	允足
	較不緊急	○○○	○○○
工作緊急程度	較緊急	○○○	○○○

對不該交辦出去。就是因為把這類工作交代出去，才導致部屬處理不完，最終還是得主管自己接手。在期限前才要求「這個幫我一下」、「我忙不過來，你可以幫我處理這個嗎？」匆匆忙忙把工作交辦出去的主管，容易將最下面那列的工作交辦給部屬。

這樣的結果只會讓你感嘆「培養人才真是件難事……」，根本就像自己一個人在瞎忙。

因此，請務必妥善運用紙一張框架，將自己目前的做法化作文字，重新審視最適合的工作分配方式。

接下來，我將透過這份框架，揭

曉問題的答案。

正確答案是左上方（較不緊急×部屬熟練度不足）的工作。如果工作不急於完成，那就表示可以耐心等待部屬提升技能。

請回想一下在第一章提到的心態——成長的本質是「循序漸進」。如果主要目的是培育人才，就要盡量把紙一張框架中左上方的工作交辦給部屬。

現在請思考一下，你手上是否有距離交件期限還有一段時間、不急於完成的工作？你可以一邊思索，一邊繪製圖表25。

不過，如果目前沒有適合的工作，也不用擔心。

只要對自己提出這樣的問題：「接下來，有哪些工作可以填入左上方的框格中？」一旦出現明確的提問，人腦就會自動尋求解答。經過一段時間，就會歸納出適合交辦給部屬的工作，請務必實際體驗以上的方法。

6 你不能事事下指導棋

接下來，將探討如何栽培位於意願能力矩陣（見左頁圖表23，與第一九一頁圖表相同）中左上方的框格：積極且有意願，但能力仍不足的部屬。

這些部屬由於受到你的影響，對工作有一定程度的熱忱與意願，但他們的能力仍需進一步提升。身為主管的你，最應該主動關注這類型的部屬，並投入時間、精力提供相關支援。

首先，可運用第一九五頁圖表24，與部屬討論工作上的細節。在討論時，**盡量引導他們接手成長區的工作，特別是較不緊急的任務**，能適度提供成長的機會。這點跟應對意願能力矩陣右上方框格的部屬是完全一樣的。

只不過，不太能冀望位在左上方框格的部屬，會自動自發的學習、成長。因此，面對他們，你須主動提供適當的指導，不能只說：「自己去查，你沒

圖表 23　紙一張框架：意願能力矩陣

意願能力矩陣			能力 Skill
		不足	充足
	主動	支援 （指導）	授權
意願 Will	被動	指示	支援 （輔助）

問題的！」

我們再回顧一下序章提到的主管煩惱。在培育人才的項目中，開頭就有提到主管盡心指導，但部屬仍然做不好、不去做、無法堅持下去的狀況。這是因為沒有採用有效的方法來教導，就會發生這樣的情形。但由於時間有限，**你也無法事事親自為部屬下指導棋**。

這時，就可利用上一章提到的What、Why、How的紙一張溝通法（第一六四頁圖表17）。具體來說，可使用像下頁圖表26一樣，稍微調整過的紙一張框架，來快速且有效率的

圖表 26　紙一張框架：指導工作細節

・11／11 ・處理工作的方法	該如何進行？（How？）	為什麼要這樣做？（Why？）	有哪些處理工作的技巧？（What？）
	○○○	○○○	○○○
	○○○	○○○	○○○
	○○○	○○○	○○○

指導工作上的細節。

首先，可簡單明瞭的說明該如何進行（How）。接著，為了讓部屬今後遇到類似情況時，能自行思考和採取行動，也要記得傳達「為什麼要這樣做」（Why）。

如果做得到，再進一步傳授「有哪些處理工作的技巧」（What。如果沒有特別值得一提的技巧，這部分也可以留白），透過上述步驟，穩定輸出最清楚易懂的指導方針。

7 紙一張培育法的三大優點

以下我將前述支援、培育方法的優點，歸納成三點來說明。

首先，最重要的一點是，這種方法延續了上一章提到的共通語言的概念。像這樣以同樣的觀點和思考方式來指導部屬，每次在傳達資訊時也會比較簡單明瞭、容易理解。

這類框架將成為你們之間的共通語言，不僅容易記住，也能讓部屬在獨立執行業務時，快速回想起來。

其次，有時部屬可能會忘記其中某些內容，但只要寫在紙一張框架上，他們就能多次回顧、加深印象。這麼一來，你不必每次都從頭開始解釋，能節省更多時間。

第三，如果這個框架已經成為深植於組織的共通語言，即使部屬不小心遺失了實體的表格，他們也能憑藉印象自我整頓思維，並且在一定程度上重建和再現框架的內容。

事實上，建議每過一段時間，就讓部屬重新填寫一次，以檢驗他們實際掌握的程度，讓這份框架發揮更全面的人才培育效果。

8 遠距工作，如何領導

由於位在圖表23左上方框格的部屬，通常需要較多的支援，我想再補充一些具體提供支援的方法。

舉例來說，在序章中的主管煩惱曾提到，「遠距工作增加，難以觀察部屬的工作狀況」。這類問題可結合上一章介紹過的紙一張框架（見下頁圖表18，與第一六八頁的圖表相同）來解決。只要在線上溝通時，利用畫面共享的功能，你就能充分了解部屬遇到哪些工作上的瓶頸。

我在之前出版的書籍《在豐田學到的「一張紙！」思維技巧》中，寫了這段內容：

如果空著雙手，以口述的方式與主管討論，會發生什麼事？

圖表 18　紙一張框架：協助部屬將想法化作言語

・11／11 ・將○○部屬提出的內容轉換成文字	想討論什麼問題？（What？）	為什麼問題無法解決？（Why？）	怎麼做才能突破現狀？（How？）
	○○○	○○○	○○○
	○○○	○○○	○○○
	○○○	○○○	○○○

由於手邊沒有任何資料，主管根本無法了解部屬對哪些地方有疑問。結果，光是確認不明白的地方就需要耗費大量的時間。

在沒有任何參考資料的情況下，主管也無法從視覺上確認重點詞彙的意義。光憑對話，也就是只靠耳朵聆聽並回應，是非常困難的一件事。雖然優秀的指導者或許能做到，但這樣的做法重現度偏低且缺乏效率。

希望這段引文，能讓你更深刻的認識到本書介紹的紙一張框架，為何能發揮如此大的效果。

另一方面，自新冠疫情爆發以來，日本的商務環境普遍推行「關閉視訊鏡頭」的線上溝通模式，有些企業甚至禁止開啟鏡頭。

不過，我相信大多數企業並沒有禁止分享畫面。但實際上，許多人在遠距工作時，幾乎不會特別使用到這個功能。我對這種現象感到憂心，不知道各位的公司有沒有類似的狀況？

無論是線上或線下，高效率組織溝通的本質是將視覺化作為工作的基礎。因此，在進行遠距工作時，建議你從自己開始改變，**充分運用分享畫面的功能，展示視覺化的溝通方式**。

部屬看到你這樣做，也會慢慢嘗試，並逐漸進展到即使沒說出來，也讓你實際看見他們的工作進度。在這個遠距工作時代，更需要重視這些基本原則。希望你能在線上溝通中妥善運用這一點。

9 指正要對事不對人

接下來，我們來討論序章的主管煩惱中提到，「期望部屬做好而責備對方，卻被指控為職場霸凌，或直接辭職」。

首先這裡我先介紹一下，想在職場上有效指正部屬，我認為事前須具備三項條件。

第一個條件是：**建立不至於受到輕視的信任關係**。關於這點，前面已提過，與主管平常表現出的言行舉止有很大的關聯。

第二個條件是：**在個別場合進行，且在事情發生後稍微間隔一段時間再指正**，避免在其他部屬面前糾正或批評個人行為。此外，如果在事情發生的第一時間面對部屬，往往容易情緒激動，而有音量過大或言詞失控的風險。因此，當有狀況發生，不妨稍微間隔一段時間，等自己冷靜下來之後再指正。

遠距工作在這方面有意想不到的優勢——責備聲既不會迴盪在辦公室內，在時間和空間上也都能和部屬保持一定的距離，因此更適合指導部屬。

在說明第三個條件之前，我先提到另一個額外的建議：**讚美部屬時，則應該採取不在私底下而是在眾人面前讚美部屬，且即時進行的做法**。具體來說，可在小組會議上，而不是在單獨會面（一對一）的情況下公開讚美部屬；或在副本發送給所有相關人員的郵件中，加入一些稱讚的詞句，而且最好是在當天即時進行。

雖然與讚美的相關問題沒有出現在序章提到的主管煩惱中，但身為主管，能否有效的稱讚部屬，確實是個值得深思的課題，希望這些建議能對你有所幫助。

最後，第三個條件是：**對事不對人**。這是為了避免讓部屬覺得本身被否定。具體該怎麼做？這個部分也可以運用紙一張框架來應對——製作出如下頁圖表27的紙一張框架，整理出需要責備的重點。

關鍵在於，如果是在面對面的情況下，要向對方傳達這些內容時，建議

圖表 27　紙一張框架：整理出責備部屬的事項

・11／11 ・想指責○○部屬的重點內容	你想責備部屬的事項是什麼？ （What？）	為什麼必須將這件事告訴部屬？ （Why？）	未來部屬該怎麼做會比較好？ （How？）
	○○○	○○○	○○○
	○○○	○○○	○○○
	○○○	○○○	○○○

把這個框架畫在白板上，直接跟部屬討論（當然，要盡量選在其他部屬看不到的會議室等場所）。

交談時，**針對眼前的紙一張框架來責備，而不是直接訓斥部屬。這樣可以在視覺上將「部屬個人」與「要責備的事件」有效分離**，大幅減少對方誤以為本身被否定的風險。

在線上會議中，也可透過共享畫面來進行這個步驟，效果同樣顯著。

10 管理不能情緒化

右頁圖表27的構思，源自我觀察**許多遭指控職權騷擾的主管，存在「口頭訓斥、立即反應、情緒化」等共同點**，才導出了這個解決方案。過去，有一位曾被稱作魔鬼教練的主管，在採用這個方法後，他與部屬間的摩擦減少了許多，並因此對我表達感謝之意。

那位曾十分嚴厲的主管表示，先用紙一張框架整理出要指正的事項，給了他一些緩衝時間，進而避免情緒激動的指責部屬。此外，他在對著白板而非面對部屬責備時，也逐漸意識到自己是在針對「問題」而不是「人」，讓他能更客觀的審視並控制自己過剩的怒氣，使責備的過程變得溫和許多。他帶著滿臉笑容告訴我，甚至有人對他說：「你變得溫和多了。」

雖然本書並非專門討論情緒管理，但妥善利用紙一張框架，確實有助人們管理情緒。

未來如果有機會，我希望能寫一本有關心理照護或情緒管理的書，但現階段，希望各位都能運用前面介紹的紙一張框架，努力栽培部屬中那六成的多數人。

培育人才除了需要時間，有時也須適時責備部屬。在某些情況下，光是提供支援是不夠的。當面臨難以解決的困境時，請務必使用本書介紹的紙一張框架。這個方法不僅能幫助你冷靜下來，也讓你更容易重整心態，這樣的良性循環，將建立起日常的管理基礎。

11 展現共感

接下來，我們來談談在意願能力矩陣中位於下半部的部屬。但在這之前，我要先強調一件事。本章的重要前提是，透過主管展現自己的成長樣貌，來激發部屬的積極性。

因此，對位於框架下半部的部屬來說，基本上只能等待他們被你的學習態度和工作方式感化。雖然須花費大量的時間，但培育部屬的重點就在於，等待他們逐漸成為框架的上半部後，再適時給予支援。

我知道有些讀者可能會覺得現狀亟待解決，所以在有前述的共識下，我會再提供一些應急的對策。

讓我們從第二一五頁圖表23（與第一九一頁圖表相同）的左下框格開始看起。

這格代表能力不足且缺乏積極性的被動者，許多讀者應該多少心裡有底，通常是屬於二：六：二法則中的後二〇%。

對這類型的部屬，我們只能得出一個結論，那就是基本上無法培育。正如在第一章中強調，即使身為主管，也不必試圖拯救每個人，因為這只會讓自己變得更加疲憊不堪。

面對這些部屬，**只須讓他們完成最低限度的工作，避免他們占用你和其他成員的資源**。在這種時候，也可運用紙一張框架來分配工作，但應該盡量**站在「為了栽培其他部屬」的角度進行，而不是「為了培養這些部屬」**。

無論如何，最大的關鍵在於，即便他們在工作上的表現不是那麼理想，你依然要保持尊重的態度。

我絕對不是要大家放棄這些部屬。根據工蟻法則，即使從原本的工蟻群中挑選出最優秀的二〇%，在這個蟻群中，仍會再度呈現出二：六：二法則。我的意思是，這些目前位在矩陣左下方的部屬，可能因為各種原因或背景而被分類到這個位置，但這並不能完全代表他們的好壞。希望各位能以這樣的

圖表 23　紙一張框架：意願能力矩陣

意願能力矩陣			能力 Skill
		不足	充足
	主動	支援（指導）	授權
意願 Will	被動	指示	支援（輔助）

角度，來看待這類問題。

不批評、責備或忽視他們，而是設法理解他們為什麼會處於這樣的工作狀態——這與第三章提到的洞察力相呼應，但以結果來說，你不一定能完全理解他們的處境，更不容易達到感同身受的狀態。

但即使無法真正理解或共感，也請持續保持這種努力的態度。這樣的做法足以避免部屬採取情緒化的舉動，對周遭的其他成員造成困擾。

如果你覺得這類話題有些抽象，請試著實際填寫如下頁圖表28的紙一張框架，將剛才提到的技巧轉為實際

圖表 28　紙一張框架：理解、共感部屬

・11／11 ・為了理解、共感〇〇部屬的想法	發生了什麼事情？（What？）	為什麼會發生這種事？（Why？）	該怎麼處理比較好？（How？）
	〇〇〇	〇〇〇	〇〇〇
	〇〇〇	〇〇〇	〇〇〇
	〇〇〇	〇〇〇	〇〇〇

行動。

透過填寫紙一張框架，**你可以把「尊重部屬」這種抽象的理念，轉化為具體的行動**。不用擔心結果是否正確，也不需要向部屬確認。在填寫的過程中，部屬就能獲得一定程度的滿足感。這也是紙一張管理術的精髓所在。

隨著本書即將進入尾聲，我想深入解釋一下多次強調「過程比結果更重要」的原因。其重點在於，心意會在過程中自然展現出來。

看到完成的紙一張框架，或

主管在填寫過程中投入心思，哪一件事更讓人感到溫暖？部屬的心會被你的哪一種做法打動？

儘管最終完成的紙一張框架能幫助理解，但它仍無法刺激情感，或促使行為改變。當你想提供部屬支援或協助，並開始填寫紙一張框架時，一連串的過程才是部屬真正感受到的重點。

12 有能力，但被動

最後要談論的是右下方的框格，也就是「具備一定能力，但被動且缺乏幹勁的部屬」。

這些部屬在技能方面已經具備相當程度的實力，身為主管的你，當然希望他們能盡快找回幹勁，並成為團隊的可靠戰力。

面對這樣的部屬，以長期眼光來看，你需要展現自身成長的姿態來激勵他們。但在短期內，又該如何有效提供支援？

首先，可採取在第二章介紹過的方法，跟部屬一起填寫紙一張框架，**協助他們找回主動性與當責意識**（見第八十八頁圖表3）。但在這個環節中，還請務必注意，**不要讓部屬自己動手寫**。因為這樣做，很可能只會讓他們感到被強迫填寫，進一步使他們的被動態度更加惡化。

重點不在於你們是否共同填寫好紙一張框架，而是在這個過程中，你是用什麼樣的態度對待部屬。

或許正因為主管親身參與，帶著支持的態度與部屬一同填寫，才能有效喚醒他們內在的動力，這正是這個方法的最大目標。請別忘了「為何這麼做」的初衷，努力在日常工作中實踐。

13 面對「低能量」部屬

假如即使提供了前述的支持但仍未見成效，那就需要考慮其他原因，例如壓力、工作以外的煩惱、生理節奏的變化等。儘管有許多因素難以確定，仍須設法想像，並試著理解與共感。對部屬保持一貫的支持態度，盡可能聆聽他們想說的話、花時間洞察問題的本質。

在這些時候，也可活用前面提到運用於左下方部屬的紙一張框架（見第二一六頁圖表28），這時候建議跟部屬邊討論邊填寫。

由於我本身就曾有因憂鬱症留職停薪的經驗，所以在這裡特別強調，請主管務必注意平常對部屬的用詞。

如果隨意對能量較低的人說「加油、樂觀一點、不必那樣想、快點振作起來並幫大家的忙」這類話語，但沒有在過程中提供支持與相伴，**反而會造**

成反效果。

如果你能親身投入，努力理解、共感部屬的感受和想法再說出口，這些話會變得更有建設性。執著在形式上的實踐，例如：「總之我們再寫一張紙吧！」只會進一步傷害已經沒什麼工作意願的部屬。

他們可能會覺得「這些我都知道，但就是做不到」，並促使部屬感受到「這個人根本從一開始就不打算理解我」，而變得更加封閉自我。

本書在寫作過程中，與其他同性質書籍相比，更著重於知識原理而非技能應用。

其中最大的原因，是希望各位主管在使用紙一張框架分析時，不會對你的部屬造成任何傷害，或因為使用方法不恰當，為對方徒增困擾，甚至因此對你的職業生涯與人生產生負面的影響。

任何有效的技巧，如果用錯方法，都可能成為毒藥。前面提到的狀況就是個典型的例子。

正因如此，即使本書的篇幅和字數內有限，我也希望能盡量傳達管理的本質，以協助各位真正掌握相關知識，並且進一步實踐。希望你也能感受到我在寫作過程中的想法與情感，並能有所共鳴。

14 任何情況都能利用紙一張

以上就是將人才培育區分成四個領域，以及對待屬於各階段部屬的實際方法。

結論是，無論面對什麼樣的情況，以及哪種對象，你都可以輕鬆的透過紙一張框架，將抽象的概念轉換成文字，這也正是紙一張管理術的精髓所在。最重要的本質，是培養並發揮你擁有的言語化能力，這也是部屬對你最大的期待。

作為本章的總結，我想在此引用日本二戰名將山本五十六的名言。這句話的前半部很有名，但後續兩句可能很多人是第一次看到：

做給他看、說給他聽、讓他嘗試、給予讚美，就能打動人心。

跟他溝通、聽他說話、對他認同、交託任務，就能讓人成長。

以感謝的態度關注他做的事，並加以信任，就會讓人拿出成果。

到了最後，我還有一點想補充。

其實，另外有一類主管煩惱我沒寫進序章裡，打算放在最後討論：

關於主管自我認知的煩惱

- 覺得自己不是當主管的料。
- 認為承擔培育部屬的責任太過沉重。
- 單純因為年資才升上主管，但其實不想擔任這個職位。

我之所以選擇這樣做，是因為這些問題在你理解並實踐本書的內容時，都能在過程中逐步解決。

在本書的開頭，我引用了杜拉克書中的一句話。在本書結尾也想引用他的一段話，出自同一本書《杜拉克談高效能的五個習慣》：

在任何領域，就算只是個普通人，也都具備實踐的能力。雖然可能無法達到卓越的成績，因為卓越需要特殊的才能。但要取得成果，擁有一般人的能力就已經足夠，只要會彈奏音階就好。

擔任主管這個職務，並不需要特殊的才能或資格，普通人也能發揮出足夠的能力來承擔這個責任。如果感到缺乏自信或覺得無法勝任，你要做的只有不斷磨練自己。

然而，這段過程是沒有捷徑的，最重要的是持之以恆的鍛鍊。但如果只對自己說一句「總之好好努力」，也會讓人感到困惑。正如杜拉克的說法，管理工作需要有「音階」和「樂譜」的存在。

本書介紹的紙一張框架，正是你在執行管理職務時必備的「音階」，也是記錄下軌跡的「樂譜」。

只要每天持續這些簡單的動作，就能妥善履行你身為主管的職責。我在書中已經極力強調過這一點。希望各位都能透過本書介紹的紙一張框架，提升身為主管的能力與自信。

「我已經獲得了最理想的音階和樂譜！」衷心期盼你在讀完本書後，也會出現這樣的感受，並為自己日常的管理工作找到解答。本書的內容就此結束，感謝各位的閱讀。

將第五章的資訊，精簡成三大要點

- 培育人才的本質，是「自我栽培」。
- 部屬要在你的影響下產生充足的「意願」（Will），才算是踏出了人才培育的第一步。
- 成長是漸進的過程，重點在於如何花時間去栽培一個人。

請試著將學到的內容寫下來：

結語 為主管，也為部屬而寫

這是我出版的第九本書，但寫作過程比以往花了更多的時間。當我終於完成這本書，回顧整段歷程有多辛苦時，腦海中最先浮現的是「部屬」這兩個字。

這本書是我第一次明確以「主管」這個群體為寫作的對象，而這也意味著，書中的內容會對各位主管的「部屬」產生的重大影響。

因此，我不希望這本書只充滿簡單、直接、求快的內容，例如「你只要這樣做」、「做到這點就沒問題了」、「用紙一張框架解決問題」等。其中有些做法可能會傷害部屬，或讓他們感到不適。

我更希望透過這本書，傳達「你無法改變部屬，但可以改變自己」、「在某些狀況下，必須放棄栽培某些部屬，但這並不代表自己否定他們」、「環境比意志更重要，成長是漸進的，而主管自己就是打造這個環境的重要推手」等觀念。

站在讀者的角度來說，這些觀念可能非常繁瑣，或難以理解，其中有些問題甚至不是那麼容易面對。

老實說，寫這些內容的過程，對我本身也有些煎熬。特別是關於對二：六：二法則中，後二〇％成員的心態與應對方式，儘管我曾收到許多學員和參加者的心得和感謝，但要實際在書中寫下這些內容，仍讓我感到非常猶豫。若各位能理解我的本意和期望，那將是我最大的榮幸。

同樣的，紙一張框架的重點並不是結果，而是過程和行動本身，當初也曾為如何確實傳達這一點深感煩惱。

最終，我決定採用請讀者在閱讀過程中實際操作的方式，讓各位親身體驗過程和行動的意義。

不知有多少讀者，讀到第三章時真正動手練習？我擔心只有約二〇％的人會實際動手，而八〇%的人只是草草讀完了事。為了改善這個比例，我歷經了許多掙扎和修改，才將這本書整理成現在的模樣。

這些嘗試是否成功，取決於你現在是以什麼樣的狀態來閱讀這段結語，以及在閱讀過程中，完成了多少次練習。

我運用了所有在寫作與教育領域的相關經驗，可以說已經竭盡所能。現在，我只能殷切期盼，這本書能成為你和部屬自我改變的契機。

本書的完成，首先要感謝來自朝日新聞出版喜多編輯的邀請。每次出版新書，我都重新認識到，商業出版並非單憑個人的力量就能完成。正因為有願意對我表示「請寫一本這樣的書」的編輯，以及一路給予支持的出版社，這本書才得以面世。對此，我由衷表達心中的感謝。

另外，也要感謝我的家人。隨著忙碌程度逐年增加，我能投入寫作的時間也不如從前。在這樣的情況下，我仍能堅持繼續寫作，全都是靠家人的支持。這也讓我更深刻的體會到，只靠自己一個人，任何事都無法完成。真的非常謝謝家人的支持。

最後，我要感謝的是你——我的讀者。

主管的工作也同樣無法單憑一己之力完成。因此，還請更關心你的部屬，對他們產生興趣，努力理解他們的感受與想法。

如果總是抱持著「我平常已經夠忙了」的心態，那麼身為主管的問題，將無法從根本解決。

希望本書介紹的各種紙一張方法，能促成你重建與他人和公司關係的良好契機。

特別鳴謝

本書能完成，要特別謝謝以下學員的幫助。為表感謝之意，在此列出協助者的姓名（省略敬稱）。

橫山水穗　いわいちえ　平野一磨

松村將也　山岸由布子　佐佐木理葉

牧野　玲　村田圭佑　酒匂秋壽

中島智宏　千坂周平　鹿野丈二

森本正夫　尾山真一　たっちゃん

原田　進
伊東將希
林　保光
大池輝暢
片岡信人
西村美和
堀尾拓未
米木華奈
水間聖人
田中政人
小池康範

高橋　唯
饗場　司
伊東和浩
永田浩己
金原正佳
國兼敏之
宮本大樹
綿引真一
梶村昌弘
南雲範明

猿山邦彥
濱島謙太郎
田中英和
上田幸治
杉原慎一郎
遠藤　忍
安藤瑞惠
山中美佳
佐佐木寬子
岡野由紀子

國家圖書館出版品預行編目（CIP）資料

帶人問題，豐田主管用「紙一張」解決：豐田主管只用一張 A4 紙，消除部屬的不主動、教不會、講不聽，能力自動 2－6－2 分級。／淺田卓著；林佑純譯.
-- 初版 . -- 臺北市：任性出版有限公司，2024.12
240 面；14.8×21 公分 . --（issue；073）
譯自：あなたの「言語化」で部下が自ら動き出す「紙1枚！」マネジメント
ISBN 978-626-7505-20-5（平裝）

1. CST：企業管理者　2. CST：企業領導
3. CST：組織管理　4. CST：職場成功法

494.2　113013579

issue 073

帶人問題，豐田主管用「紙一張」解決

豐田主管只用一張 A4 紙，消除部屬的不主動、教不會、講不聽，
能力自動 2－6－2 分級。

作　　者／淺田卓
譯　　者／林佑純
校對編輯／連珮祺、張庭嘉
副 主 編／馬祥芬
副總編輯／顏惠君
總 編 輯／吳依瑋
發 行 人／徐仲秋
會 計 部｜主辦會計／許鳳雪、助理／李秀娟
版 權 部｜經理／郝麗珍、主任／劉宗德
行銷業務部｜業務經理／留婉茹、專員／馬絮盈、助理／連玉
　　　　　　行銷企劃／黃于晴、美術設計／林祐豐
行銷、業務與網路書店總監／林裕安
總 經 理／陳絜吾

出 版 者／任性出版有限公司
營運統籌／大是文化有限公司
　　　　臺北市 100 衡陽路 7 號 8 樓
　　　　編輯部電話：（02）23757911
　　　　購書相關諮詢請洽：（02）23757911 分機 122
　　　　24 小時讀者服務傳真：（02）23756999
　　　　讀者服務 E-mail：dscsms28@gmail.com
　　　　郵政劃撥帳號：19983366　　戶名：大是文化有限公司

香港發行／豐達出版發行有限公司　Rich Publishing & Distribution Ltd
　　　　地址：香港柴灣永泰道 70 號柴灣工業城第 2 期 1805 室
　　　　Unit 1805, Ph.2, Chai Wan Ind City, 70 Wing Tai Rd, Chai Wan, Hong Kong
　　　　電話：21726513　傳真：21724355　E-mail：cary@subseasy.com.hk

封 面 設 計／林雯瑛　內頁排版／吳思融
印　　　刷／韋懋實業有限公司
出 版 日 期／2024 年 12 月初版
定　　　價／新臺幣 420 元（缺頁或裝訂錯誤的書，請寄回更換）
I S B N／978-626-7505-20-5
電子書 ISBN／9786267505182（PDF）
　　　　　　9786267505199（EPUB）

ANATA NO “GENGO-KA” DE BUKA GA MIZUKARA UGOKIDASU “KAMI 1-MAI!” MANAGEMENT by SUGURU ASADA

Original Japanese edition published by Asahi Shimbun Publications Inc., Japan
Chinese translation rights in complex characters arranged with Asahi Shimbun Publications Inc., Japan through BARDON-Chinese Media Agency, Taipei.